Cong Dan Pham

Marche aléatoire excitée

Cong Dan Pham

Marche aléatoire excitée

Monotonie et différentiabilité de la vitesse de la marche aléatoire excitée

Presses Académiques Francophones

Impressum / Mentions légales
Bibliografische Information der Deutschen Nationalbibliothek: Die Deutsche Nationalbibliothek verzeichnet diese Publikation in der Deutschen Nationalbibliografie; detaillierte bibliografische Daten sind im Internet über http://dnb.d-nb.de abrufbar.
Alle in diesem Buch genannten Marken und Produktnamen unterliegen warenzeichen-, marken- oder patentrechtlichem Schutz bzw. sind Warenzeichen oder eingetragene Warenzeichen der jeweiligen Inhaber. Die Wiedergabe von Marken, Produktnamen, Gebrauchsnamen, Handelsnamen, Warenbezeichnungen u.s.w. in diesem Werk berechtigt auch ohne besondere Kennzeichnung nicht zu der Annahme, dass solche Namen im Sinne der Warenzeichen- und Markenschutzgesetzgebung als frei zu betrachten wären und daher von jedermann benutzt werden dürften.

Information bibliographique publiée par la Deutsche Nationalbibliothek: La Deutsche Nationalbibliothek inscrit cette publication à la Deutsche Nationalbibliografie; des données bibliographiques détaillées sont disponibles sur internet à l'adresse http://dnb.d-nb.de.
Toutes marques et noms de produits mentionnés dans ce livre demeurent sous la protection des marques, des marques déposées et des brevets, et sont des marques ou des marques déposées de leurs détenteurs respectifs. L'utilisation des marques, noms de produits, noms communs, noms commerciaux, descriptions de produits, etc, même sans qu'ils soient mentionnés de façon particulière dans ce livre ne signifie en aucune façon que ces noms peuvent être utilisés sans restriction à l'égard de la législation pour la protection des marques et des marques déposées et pourraient donc être utilisés par quiconque.

Coverbild / Photo de couverture: www.ingimage.com

Verlag / Editeur:
Presses Académiques Francophones
ist ein Imprint der / est une marque déposée de
OmniScriptum GmbH & Co. KG
Heinrich-Böcking-Str. 6-8, 66121 Saarbrücken, Deutschland / Allemagne
Email: info@presses-academiques.com

Herstellung: siehe letzte Seite /
Impression: voir la dernière page
ISBN: 978-3-8381-4545-7

Zugl. / Agréé par: Marseille, Université d'Aix-Marseille

Copyright / Droit d'auteur © 2014 OmniScriptum GmbH & Co. KG
Alle Rechte vorbehalten. / Tous droits réservés. Saarbrücken 2014

Remerciement

Maintenant, j'ai fini la rédaction de ma thèse et ma soutenance va se dérouler bien tôt. Mes premières pensées vont à mon directeur Pierre Mathieu qui m'a dirigé tout au long de ces quatre années. Ce n'est pas facile de me diriger quand je ne parle pas bien français et anglais. Cependant, il est toujours gentil et patient de m'écouter et de m'expliquer. Pendant quatre ans, on travaille ensemble, il m'a transmis la passion de la recherche mathématique. Je suis très reconnaissant de son soutien pour les étudiants vietnamiens. Je me souviens quand le spectacle soirée vietnamien a eu lieu à Marseille, il est venu avec sa famille pour nous supporter. Je suis très ému par son amour pour le Vietnam.

Je suis très reconnaissant à Fabienne Castell pour son support, sa gentillesse et ses conseils depuis mes premiers pas à Marseille jusqu'à maintenant. Pendant son direction de M2 et mes deux premières années de thèse, elle m'a encouragé à étudier les questions mathématiques très difficiles. Elle m'a aidé de trouver le financement pour la quartième année de ma thèse et m'a beaucoup aidé à corriger mes articles et mon manuscrit de thèse. Je suis ravi de lui parler de la vie, de la culture et du travail en France et au Vietnam.

Je remercie très sincèrement Jean Bérard et Serguei Popov d'avoir accepté d'être les rapporteurs de ma thèse et leurs précieuses remarques ainsi que Nadine Guillotin-Plantard, Bruno Schapira, Ofer Zeitouni qui m'ont fait l'honneur d'être membres de mon jury de thèse.

Je tiens à remercier Étienne Pardoux et Pierre Pico de leurs soutiens pour les étudiants vietnamiens et pour moi plus particulièrement. Merci aux membres du CMI qui ont fait la meilleure ambiance de traivail.

Je remercie Thomas A et Brice pour leurs corrections de la première version de mon manuscrit. Merci à tous les thésards et les ex-thésards avec qui j'ai eu la chance de partager le bureau, le couloir, la table, et avec qui on a joué au foot ensemble. Merci à tous mes amis vietnamiens à Marseille qui ont été comme une famille : Vi, Thu, Bien, Tuan, Mai, Hien, Huyen, Giang, Thao,...

Merci à ma famille lointaine qui me semble d'être toujours à mon côté particulièrement mes parents, mon petit frère, ma petite soeur.

Le 01, juin, 2014.

Table des matières

1 Introduction   **4**
    1.1 Marche aléatoire excitée 5
       1.1.1 Marche aléatoire simple 6
       1.1.2 Marche aléatoire excitée (MAE) 6
       1.1.3 Marche aléatoire avec m cookies 8
    1.2 Marche aléatoire avec cookies aléatoires 10
       1.2.1 Marche aléatoire en milieu aléatoire (MAMA) 11
       1.2.2 Marche aléatoire excitée avec m cookies aléatoires sur $\mathbb{Z}^d$, $(m-$ MAECA) . . 13
    1.3 Les outils et l'idée d'approche 14
       1.3.1 Temps de coupure de marche aléatoire simple symétrique 14
       1.3.2 Temps de renouvellement pour les marches aléatoires excitées 16
       1.3.3 Transformation de Girsanov 19
       1.3.4 Couplage des marches aléatoires 20
       1.3.5 La relation entre convergence uniforme en probabilité et intégralité uniforme   21
       1.3.6 Stationnarisation de marche aléatoire excitée 21
    1.4 Les résultats, les difficultés et les questions ouvertes 24
       1.4.1 Les résultats en grande dimension en utilisant les temps de coupure 24
       1.4.2 Les résultats en petite dimension 27
       1.4.3 Les difficultés et les questions ouvertes 28

2 The proof for the results in high dimensions   **33**
    2.1 Excited random walk 33
       2.1.1 An expression for the velocity (the formular (1.3)) 33

	2.1.2	Girsanov transform	37

		2.1.2	Girsanov transform	37
		2.1.3	Differentiability of the speed.	39
		2.1.4	Monotonicity of the speed.	41
		2.1.5	Differentiability of the speed at 0.	45
	2.2	ERW with several identical cookies		46
	2.3	Excited random walk with random cookie.		50
		2.3.1	$m = 1$ and i.i.d. random cookie.	51
		2.3.2	$m \geqslant 1$ and stationary random cookie.	52
		2.3.3	$m \geqslant 1$ and i.i.d random cookie.	56
3	The results for small dimension			61
	3.1	Proof of Theorem 1.4.5		62
		3.1.1	The existence of the derivative of the speed for $\beta > 0$	62
		3.1.2	The existence of the derivative at the critical point 0	70
	3.2	The proof of Theorem 1.4.6		74
		3.2.1	The monotonicity of the range of the simple random walk	74
		3.2.2	The monotonicity of the speed of excited random walk with several identical cookies	74

# Chapitre 1

Introduction

Récemment, la recherche sur les marches aléatoires sur des graphes est devenue une branche importante des probabilités. Plusieurs modèles différents sont étudiés, en particulier les marches aléatoires sans propriété de Markov, et les marches aléatoires en milieux aléatoires. Citons par exemple les marches aléatoires sur l'arbre de Galton-Watson, les marches aléatoires en milieux aléatoires sur le réseau $\mathbb{Z}^d$, les marches aléatoires excitées, les marches aléatoires avec plusieurs cookies sur le réseau $\mathbb{Z}^d$, les modèles de percolation sur les graphes. Dans ces modèles, on étudie et on développe souvent les résultats classiques de la théorie des probabilités comme la loi des grands nombres, le théorème central limite, le principe de grandes déviations...La loi des grands nombres pour une marche aléatoire nous donne une limite qui s'appelle souvent la vitesse. Elle décrit le comportement des trajectoires de la marche quand le temps tend vers l'infini. Le théorème central limite donne une limite en loi vers un mouvement brownien avec une covariance. Dans ces modèles, la loi de la marche dépend de paramètres, ou de lois intervenant dans la définition du modèle. Ainsi, les limites comme la vitesse, la covariance ou la limite du nombre moyen de points visités par la marche, dépendent de ces paramètres ou de ces lois. Dans cette thèse, nous considérons seulement les limites qui sont obtenues par la loi des grands nombres. Une question très intéressante est de savoir comment les limites telles que la vitesse ou la covariance, dépendent des paramètres ou des loi sous-jacentes. Dans cette thèse, nous nous intéressons à cette question, par exemple est-ce que la vitesse est monotone, différentiable ou analytique...? La monotonie de la vitesse est une question qui est beaucoup étudiée dans plusieurs modèles, par exemple pour la marche aléatoire excitée ([BW03],[BR07],[MPRV12]), la marche aléatoire biaisée sur un arbre de Galton-Watson

([Aid11],[BFS11]), la marche aléatoire biaisée sur un amas de percolation ([Fri10]),... Dans ces modèles, on a l'impression que la monotonie de la vitesse est un fait trivial, mais en fait, il est difficile de le prouver. Ce n'est que récemment qu'on a obtenu les premier résultats importants sur la monotonie de la vitesse dans quelques modèles très connus. Toutefois, la question de la monotonie reste ouverte en général. En fait, chaque modèle est étudié grâce à des méthodes particulières utilisant les propriétés particulières du modèle. Bien qu'il y ait des idées générales comme les méthodes de couplage, l'usage des temps de renouvellement, des temps de coupure, de la transformation de Girsanov, il n'y a pas encore de méthode générale qui permet de traiter tous les modèles.

Dans la suite, nous présentons le problème de la monotonie de la vitesse pour la marche aléatoire sur un graphe, et la marche aléatoire en milieu aléatoire. Tout d'abord, nous avons besoin des notions d'une marche aléatoire sur un graphe.

1.1 Marche aléatoire excitée

Notations : Soit $G =: (V, E)$ un graphe. Ici, V est l'ensemble des sommets, E désigne l'ensemble des arêtes. Soit $\{Y_n\}$ une marche aléatoire en temps discret sur le graphe G dont la loi dépend d'un paramètre $\beta \in [a, b]$, ici a, b sont des réels, et φ est une fonction dépendant du graphe et du modèle considéré. La loi des grands nombres nous donne une limite :

$$v(\beta) = \lim_{n \to \infty} \frac{\varphi(Y_n)}{n}, \ p.s.$$

Cette limite décrit le comportement des trajectoires de la marche quand le temps n tend vers l'infini et on l'appelle la vitesse. Une autre quantité importante est la limite du nombre moyen de points visités par la marche. L'événement $\{Y_n \notin\}$ signifie que Y_n n'est pas visité avant le temps n. On dit aussi que la marche visite un point nouveau : $\{Y_n \notin\} = \{Y_n \notin \{Y_0, Y_1, ..., Y_{n-1}\}\}$. On note $R_n =: 1_{Y_0 \notin} + 1_{Y_1 \notin} + ... + 1_{Y_n \notin}$ le nombre de points nouveaux au temps n, c'est à dire le nombre de points que la marche a visités jusqu'au temps n. Le graphe le plus souvent considéré est le réseau entier $\mathbb{Z}^d$, classique dans le cadre de la percolation et des marches aléatoires.

Nous allons présenter deux modèles qui sont la marche aléatoire simple avec dérive $\beta \in [0; 1]$, et la marche aléatoire excitée ou plus généralement la marche aléatoire avec cookies. Soient $\Omega = (\mathbb{Z}^d)^{\mathbb{N}}$ et $Y = (Y_n)_{n \in \mathbb{N}}$ les applications coordonnées. On note $\{\mathcal{F}_n^Y\}_{n \in \mathbb{N}}$ la filtration naturelle de Y. On note la composante "horizontale" $X_n = Y_n \cdot e_1$ et la composante "verticale" $Z_n = (Y_n \cdot e_2, Y_n \cdot e_3, ..., Y_n \cdot e_d)$.

1.1.1 Marche aléatoire simple

Une marche aléatoire simple avec dérive $\beta \in [0;1]$ est une marche aléatoire en temps discret partant de l'origine, au plus proche voisin, qui a la loi suivante :

- $\mathbb{P}^s_\beta(Y_0 = 0) = 1$;

- $\mathbb{P}^s_\beta(Y_{n+1} - Y_n = \pm e_i | \mathcal{F}^Y_n) = \frac{1}{2d}$ pour $2 \leqslant i \leqslant d$;

- $\mathbb{P}^s_\beta(Y_{n+1} - Y_n = \pm e_1 | \mathcal{F}^Y_n) = \frac{1 \pm \beta}{2d}$.

Pour ce modèle, on peut calculer facilement la vitesse : $v(\beta) = \beta/d$, et les questions concernant les propriétés de la vitesse sont triviales. On peut aussi considérer la question de la monotonie du nombre de points visités au temps n, $R_n(\beta)$ et la limite $R(\beta) = \lim R_n(\beta)/n$; p.s. Dans [JO68], [LGR91], la loi des grands nombres et plusieurs propriétés du nombre de points visités par la marche aléatoire stable qui est un modèle plus général que la marche aléatoire simple, ont été étudiées.

1.1.2 Marche aléatoire excitée (MAE)

La marche aléatoire excitée a été introduite dans [BW03] par I. Benjamini et D.B. Wilson. On l'appelle aussi la marche aléatoire excitée standard. Elle a été étudiée dans [BR07], [MPRV12] entre autres travaux. Une marche aléatoire excitée $\{Y_n\}_{n \geqslant 0}$ sur le réseau $\mathbb{Z}^d$ est un processus aléatoire en temps discret au plus proche voisin, obéissant à la règle suivante : quand au temps n, la marche est à un point qu'elle a déjà visité, elle saute uniformément au hasard sur un de ses $2d$ sites voisins. D'autre part, quand la marche est à un point qu'elle n'a pas visité avant le temps n, alors elle saute avec une probabilité de $(1+\beta)/2d$ à droite, une probabilité de $(1-\beta)/2d$ à gauche et une probabilité de $1/2d$ sur les autres sites voisins. La loi $\mathbb{P}_\beta$ de la MAE satisfait donc les conditions suivantes :

- $\mathbb{P}_\beta(Y_0 = 0) = 1$.

- Si Y_n n'a pas été visité avant le temps n, *i.e.* sur l'événement $\{Y_n \notin\}$ alors
$\mathbb{P}_\beta[Y_{n+1} - Y_n = \pm e_i | \mathcal{F}^Y_n] = \frac{1}{2d}$, pour $2 \leqslant i \leqslant d$; $\mathbb{P}_\beta[Y_{n+1} - Y_n = \pm e_1 | \mathcal{F}^Y_n] = \frac{1 \pm \beta}{2d}$;

- Si Y_n a été visité avant le temps n, *i.e* sur l'événement $\{Y_n \in\}$ alors
$\mathbb{P}_\beta[Y_{n+1} - Y_n = \pm e_i | \mathcal{F}_n^Y] = \frac{1}{2d}$, pour $1 \leqslant i \leqslant d$.

Une généralisation de ce modèle, nommée "marche aléatoire excitée généralisée", a été introduite dans [MPRV12]. Une marche aléatoire $\{Y_n\}_{n\geqslant 0}$ sous la loi $\mathbb{P}$ est une "marche aléatoire excitée généralisée" si elle satisfait les conditions suivantes :

CONDITION B. Il existe une constante $K > 0$ telle que $\sup_{n\geqslant 0} ||Y_{n+1} - Y_n|| \leqslant K$ *p.s.*

CONDITION C$^+$. Soient $\ell \in S^{d-1}$ et $A \subset \mathbb{Z}^d$. On dit que la condition C_A est satisfaite en ce qui concerne ℓ si

$$\mathbb{E}(Y_{n+1} - Y_n | \mathcal{F}_n^Y) = 0 \text{ sur } \{Y_n \in\} = \{ \text{ il existe } k < n \text{ tel que } Y_k = Y_n, \text{ ou } Y_n \notin A\}$$

et

$$\mathbb{E}(Y_{n+1} - Y_n | \mathcal{F}_n^Y) \cdot \ell \geqslant 0 \text{ sur } \{Y_n \notin_A\} = \{Y_k \neq Y_n \text{ pour tout } k < n \text{ et } Y_n \in A\}.$$

Si (en plus du premier affichage) il existe un $\lambda > 0$ tel que

$$\mathbb{E}(Y_{n+1} - Y_n | \mathcal{F}_n^Y) \cdot \ell \geqslant \lambda \text{ sur } \{Y_n \notin_A\} = \{Y_k \neq Y_n \text{ pour tout } k < n \text{ et } Y_n \in A\}.$$

On dit Condition C_A^+ est satisfaite. Quand $A = \mathbb{Z}^d$ on a les conditions correspondents C et C$^+$. La condition C$^+$ signifie que quand la marche Y visite un site pour la première fois, elle a une dérive dans la direction ℓ, alors que si elle est sur un site déjà visité, elle a une dérive nulle, se comportant comme une martingale. On formule aussi :

CONDITION E. Soit $\ell \in S^{d-1}$. On dit que la Condition E est satisfaite en ce qui concerne ℓ, s'il existe $h, r > 0$ tels que pour tout n

$$\mathbb{P}[(Y_{n+1} - Y_n) \cdot \ell > r | \mathcal{F}_n^Y] \geqslant h \tag{1.1}$$

et pour tout ℓ' avec $||\ell'|| = 1$, sur $\{\mathbb{E}(Y_{n+1} - Y_n | \mathcal{F}_n^Y) = 0\}$

$$\mathbb{P}[(Y_{n+1} - Y_n) \cdot \ell' > r | \mathcal{F}_n^Y] \geqslant h. \tag{1.2}$$

La condition E est une sorte d'hypothèse d'ellipticité uniforme qui dit que la marche peut toujours partir dans la direction ℓ d'une quantité uniformément positive avec une probabilité uniformément positive, mais aussi que quand la dérive locale est égale à zéro, la marche peut faire de même dans n'importe quelle direction.

Quand les conditions B, C_A, E sont satisfaits pour quelque $A \subset \mathbb{Z}^d$, on a un lemme clé pour prouver la loi des grands nombres pour la MAE (voir [MPRV12]) :

Lemme 1.1.1. *Soit Y_n une marche aléatoire sur $\mathbb{Z}^d$ qui satisfait les conditions B, C_A, E alors il existe des constante $\alpha, \gamma_1; \gamma_2$ qui dépend seulement de d, K, h, r telles que*

$$\mathbb{P}[R_n^Y < n^{\frac{1}{2}+\alpha}] < e^{-\gamma_1 n^{\gamma_2}}$$

pour tout $n \geqslant 1$, où R_n^Y est le nombre de points visités par la marche Y au temps n.

On appelle aussi la marche aléatoire excitée, la marche aléatoire avec un cookie. C'est un cas particulier d'un modèle plus général qui s'appelle la marche aléatoire avec cookies. Ce modèle a été introduit dans [Zer05] par M. Zerner dans le cas de $\mathbb{Z}$ et dans [BS08] et [BS09] par A.L. Basdevant, A. Singh pour la marche aléatoire avec plusieurs cookies dans le cas de l'arbre régulier.

1.1.3 Marche aléatoire avec m cookies

Soit m un entier positif. On place m cookies sur chaque site du réseau $\mathbb{Z}^d$. Une marche aléatoire excitée avec m cookies (m-MAE) sur le réseau $\mathbb{Z}^d$ est une marche aléatoire en temps discret, au plus proche voisin, obéissant à la règle suivante : quand la marche est sur un site sur lequel il y a encore des cookies, alors elle mange un cookie et saute à droite avec probabilité $(1+\beta)/2d$, à gauche avec probabilité $(1-\beta)/2d$ et sur les autres sites voisins avec une probabilité $1/2d$. D'autre part, s'il n'y a plus de cookie, elle saute sur un site voisin avec probabilité $1/2d$. La loi $\mathbb{P}_{m,\beta}$ de $m-$MAE satisfait donc les conditions suivantes :

- $\mathbb{P}_{m,\beta}(Y_0 = 0) = 1$;

- Si Y_n a été visité moins de m fois avant le temps n, alors

$$\mathbb{P}_{m,\beta}(Y_{n+1} - Y_n = \pm e_1 | \mathcal{F}_n^Y) = \frac{1 \pm \beta}{2d},$$
$$\mathbb{P}_{m,\beta}(Y_{n+1} - Y_n = \pm e_i | \mathcal{F}_n^Y) = \frac{1}{2d} \text{ pour } 2 \leqslant i \leqslant d.$$

- Si Y_n a été visité plus de m fois avant le temps n alors

$$\mathbb{P}_{m,\beta}(Y_{n+1} - Y_n = \pm e_i | \mathcal{F}_n^Y) = \frac{1}{2d} \text{ pour } 1 \leqslant i \leqslant d.$$

De manière plus générale, on peut définir une marche aléatoire avec m cookies liée à un paramètre vecteur $\vec{\beta} = (\beta_1, \beta_2, ..., \beta_m)$ où pour chaque k, le $k^{\text{ème}}$ cookie est lié à β_k. La question de la loi des grands nombres pour la marche aléatoire excitée (MAE) est la suivante : est-ce que la vitesse dans la direction de la dérive e_1 : p.s., $v(\beta) = \lim_{n\to\infty} Y_n.e_1/n$ existe. ? Dans les premiers travaux présentés dans [BW03], les auteurs ont prouvé la récurrence quand $d = 1$ et la transience quand $d \geqslant 2$ pour une MAE. Ils ont aussi prouvé que pour les dimensions $d \geqslant 4$, la MAE est ballistique à droite (dans la direction e_1), c'est à dire que $\liminf_{n\to\infty} Y_n.e_1/n > 0$, p.s. Ensuite, ce fait est prouvé pour les dimensions plus petites $d = 2, 3$ dans [Koz03] et [Koz05]. Par les techniques de "développement en dentelle", Van der Hofstad et Holmes [vdHH12] ont pouvé que la loi faible des grands nombres est vraie quand $d \geqslant 5$, et le paramètre β est suffisamment proche de 0 (dépendant de d). De plus, ils ont montré que le théorème central limite est satisfait quand $d \geqslant 8$, et β est suffisamment proche de 0 (dépendant de d). Enfin, en utilisant des temps de renouvellement, J. Bérard et A.Ramirez ont prouvé la loi des grands nombres et le théorème central limite pour $d \geqslant 2$, dans l'article [BR07] :

Soit (Y_n) une MAE de biais $\beta \in [0,1]$ avec la loi $\mathbb{P}_\beta$ et $d \geqslant 2$. Alors,

- (Loi des grands nombres). Il existe $v = v(\beta, d), 0 < v < +\infty$ tel que p.s.

$$\lim_{n\to\infty} n^{-1} Y_n \cdot e_1 = v$$

où $(e_i : 1 \leqslant i \leqslant d)$ désigne les générateurs canoniques du groupe $\mathbb{Z}^d$.

- (Théorème central limite). Il existe $\sigma = \sigma(\beta, d), 0 < \sigma < +\infty$, tel que

$$t \mapsto n^{-1/2}(Y_{\lfloor nt \rfloor} \cdot e_1 - v\lfloor nt \rfloor)$$

converge en loi quand $n \to +\infty$, vers un mouvement Brownien avec une variance σ^2.

Pour la marche aléatoire excitée généralisée, la loi des grand nombres n'est plus vrai mais on a le ballisticité (see [MPRV12]) :

Lemme 1.1.2 (Propriété ballistique). *Soit Y_n une marche aléatoire excitée généralisée. Alors,*

$$\liminf_{n\to\infty} Y_n \cdot e_1/n > 0, \quad \mathbb{P}_\beta - p.s.$$

Dans [BR07], pour montrer la loi des grands nombres pour une MAE, J. Bérard et A. Ramírez ont utilisé le fait que $\lim_{n \to +\infty} Y_n \cdot e_1 = +\infty$ qui est prouvé dans [BW03] par la technique des "tan points." Cependant, la preuve de [BW03] ne marche plus dans des cas plus généraux que la marche aléatoire excitée. Aussi, dans [MPRV12], en utilisant Lemme 1.1.1 les auteurs ont prouvé le lemme de propriété ballistique pour le modèle de la marche aléatoire excitée généralisée, et ont aussi démontré la loi des grands nombres en évitant les techniques des "tan points" de [BW03]. Dans l'article [BR07], les auteurs ont aussi énoncé une conjecture sur la monotonie de la vitesse $v(\beta, d)$ et de la variance $\sigma(\beta, d)$. En se basant sur des simulations faites par ordinateur, ils ont prévu que la vitesse est croissante pour tout $\beta \in [0, 1)$. Avec les techniques de "développement en dentelle", Van de Hofstad et Holmes ont prouvé cette conjecture dans l'article [vdHH10] pour des dimensions assez grandes $(d > 8)$. Ils ont aussi prouvé que quand $d = 8$, la vitesse de la MAE est croissante pour β suffisamment proche de 0. Bien que les techniques de "développement en dentelle" soient puissantes et puissent être appliquées pour plusieurs modèles et plusieurs questions différentes, elles ne répondent pas encore complètement à toutes les questions. Par exemple, en utilisant les techniques de "développement en dentelle", on ne peut prouver la loi des grands nombres pour une MAE que dans les cas où la dimension est assez grande et le paramètre β est proche de 0. Pourtant, on peut résoudre totalement le problème de la loi des grands nombres pour la MAE, en utilisant la méthode des temps de renouvellement. C'est pourquoi on peut se poser la question suivante : Est-ce qu'il y a une méthode pour montrer la monotonie de la vitesse de la MAE en toute dimension ? Récemment, les recherches pour le cas de dimension $d = 1$ (la marche aléatoire excitée sur $\mathbb{Z}$) ont prouvé que la vitesse est strictement croissante. On peut trouver ces résultats dans les articles [Zer05], [Pet12] où les auteurs arrivent à coupler deux marches aléatoires excitées en utilisant le fait que ce deux marches passent nécessairement par les mêmes points (à savoir les entiers positifs). Ceci n'est plus le cas où $d \geqslant 2$.

1.2 Marche aléatoire avec cookies aléatoires

Dans cette section, on considère le problème de monotonie pour les modèles de marches aléatoires excitées avec cookies aléatoires.

Notations :

Soit $(\Omega, \mathcal{F}, \mathbb{Q})$ un espace de probabilité. Chaque élément $\omega \in \Omega$ est vu comme un environnement. L'environnement ω est associé un graphe (V_ω, E_ω). Soit $\{Y_n\}$ une marche aléatoire sur le graphe (V_ω, E_ω), de loi $\mathbb{P}_\omega$. $\mathbb{P}_\omega$ est appelée la loi "quenched". $\mathbb{Q}$ étant la loi de l'environnement ω, la probabilité moyennée $P(\cdot) = \int \mathbb{P}_\omega(\cdot) d\mathbb{Q}$, (notée $P(\cdot) = \mathbb{Q}[\mathbb{P}_\omega(\cdot)]$, est appelée la loi "annealed". Chaque choix particulier de $(\Omega, \mathcal{F}, \mathbb{Q})$, (V_ω, E_ω), $\mathbb{P}_\omega$ donne un modèle explicite. Nous considérons quelques modèles connus qui ont été étudiés récemment, et décrivons les modèles auxquels nous nous intéressons.

1.2.1 Marche aléatoire en milieu aléatoire (MAMA)

Quand $\mathbb{P}_\omega$ est la loi d'une chaine de Markov sur V_ω, on obtient une MAMA.

Le cas le plus étudié : $(V_\omega, E_\omega) = \mathbb{Z}^d$ for all ω. Un autre cas : V_ω change avec chaque l'environnement ω, par exemple V_ω est un arbre de Galton-Watson, un amas de percolation,... Les résultats sur la loi des grands nombres, le théorème central limite... pour ce modèle peuvent être trouvés dans les articles [Kal81], [SZ99], [BSZ03], [LPP97], [BFS11], [Aid11]...... Nous nous concentrons sur la loi des grands nombres et les propriétés de la vitesse. Ces questions ont été étudiées pour les environnements i.i.d. et les environnements mélangeants.

On considère la loi de la marche (Y_n) dépendant aussi d'un paramètre réel $\alpha \in \mathbb{R}$, noté $\mathbb{P}_{\omega,\alpha}$. On appelle $\mathbb{P}_{\omega,\alpha}$ la loi "quenched" et la loi moyennée $P(\cdot) = \mathbb{Q}[\mathbb{P}_{\omega,\alpha}(\cdot)]$ la loi "annealed." Quand la loi des grands nombres est satisfaite $P-$ p.s, la vitesse $v(\mathbb{Q}, \alpha) = \lim Y_n.e_1/n$ va dépendre à la fois de la loi de l'environnement et du paramètre α. La question de la monotonie de la vitesse est étudiée par rapport à la loi $\mathbb{Q}$ et au paramètre α. Quand α est fixé, à quelle condition la vitesse est-elle monotone en fonction de $\mathbb{Q}$, i.e. si $\mathbb{Q}_1$ est stochastiquement dominé par $\mathbb{Q}_2$, a-t-on $v(\mathbb{Q}_1, \alpha) \leqslant v(\mathbb{Q}_2, \alpha)$? D'autre part, si $\mathbb{Q}$ est fixé, alors à quelle condition la vitesse est-elle monotone en α ? Pour préciser la notion de "vitesse monotone en loi $\mathbb{Q}$", nous introduisons un ordre partiel sur l'ensemble de lois de l'environnement.

Définition 1.2.1. Soient $\mathbb{Q}_1, \mathbb{Q}_2$ deux probabilités sur un ensemble partiellement ordonné $(E, \leqslant)$. On dit qu'une mesure de probabilité $\mathbb{Q}$ sur $E \times E$ est un couplage monotone de $\mathbb{Q}_1$ et $\mathbb{Q}_2$, si quand on note l_1 et l_2 les applications coordonnées de $E \times E$ dans E :

pour $i = 1, 2$ $\forall B$ événement de E, $\mathbb{Q}(l_i \in B) = \mathbb{Q}_i(B)$; et $\mathbb{Q}(l_1 \leqslant l_2) = 1$.

Quand un tel couplage monotone existe, on note $\mathbb{Q}_1 \prec \mathbb{Q}_2$ et on dit que $\mathbb{Q}_1$ est stochastiquement dominée par $\mathbb{Q}_2$. L'ensemble $\mathbb{B} := ([0;1]^m)^{\mathbb{Z}^d}$ des environnements est muni de l'ordre partiel : Soient β_1 et β_2 appartient $\mathbb{B}$. alors

$$\beta_1 \leqslant \beta_2 \text{ si et seulement si } \beta_{1,k}(y) \leqslant \beta_{2,k}(y) \,, \ 1 \leqslant k \leqslant m \,, \ y \in \mathbb{Z}^d\,.$$

On va alors se poser la question suivante : Est-il vrai que $v(\mathbb{Q}_1) \leqslant v(\mathbb{Q}_2)$ si $\mathbb{Q}_1 \prec \mathbb{Q}_2$? La question de la monotonie de la vitesse en fonction de la loi de l'environnement a été considérée, par exemple dans les articles [BFS11],[MSZ12]...

Récemment, ces questions ont été étudiées intensément voir [LPP96], [LPP97], [BFS11], [Aid11], [MSZ12], et des réponses partielles ont été apportées pour quelques cas particuliers, mais elles ne sont pas encore complètement résolues, de nombreux points restant en suspens. On présente un exemple d'un modèle très connu, la marche aléatoire biaisée sur un arbre de Galton-Watson. Soit T un arbre de Galton-Watson *i.e.* un arbre aléatoire enraciné dont chaque noeud a un nombre de descendants et ces nombres sont *i.i.d.*, copies d'une variable aléatoire entière Z qui satisfait $\mathbb{Q}(Z = k) = p_k, k = 0, 1, 2, ...$ Dans le cas sans feuille $p_0 = 0$. Soit T un arbre aléatoire de Galton-Watson. On utilise $|y|$ la distance d'un sommet x de la racine. De plus, on note y^* l'ancêtre de y pour tout sommet y différent de la racine et y_i le $i^{\text{ème}}$ enfant de y. Une marche aléatoire biaisée de paramètre α sur l'arbre T est une chaîne de Markov partant de la racine et obéissant à la règle suivante : Les probabilité de transition vers les différents enfants de la racine sont identiques. Si le sommet x a k enfants et x n'est pas la racine alors les probabilités de transition sont données par

$$\mathbb{P}(Y_{n+1} = y^* | Y_n = y) = \frac{1}{1 + \alpha k},$$
$$\mathbb{P}(Y_{n+1} = y_i | Y_n = y) = \frac{\alpha}{1 + \alpha k}, i = 1, 2, ..., k.$$

On note $\mathbb{P}_\omega$ la loi de la marche $(Y_n)_{n \geqslant 0}$ sur un arbre ω. On définit la loi moyenne comme le produit semi-direct $P = \mathbb{Q} \times \mathbb{P}_\omega$ où $\mathbb{Q}$ est la mesure de Galton-Watson sur l'espace des arbres raciné. On sait que la vitesse

$$v(\alpha, \mathbb{Q}) = \lim_{n \to \infty} \frac{|Y_n|}{n}$$

existe presque sûrement et est une constante non-aléatoire, voir [Lyo90] et [LPP96]. De plus, les auteurs ont conjecturé que la vitesse est croissante en α sur $\left(\frac{1}{\mathbb{E}Z}, +\infty\right)$ quand l'arbre est sans feuille. La conjecture a été ouverte pendant une longue période, jusqu'à être récemment prouvé dans [BFS11] pour des grandes valeurs de α. Très récemment, Aïdékon a trouvé une bonne expresion de la vitesse et il a vérifié la conjecture pour $\alpha \geqslant 2$ mais on ne sait pas encore pour $\alpha > \frac{1}{\mathbb{E}Z}$. Dans [BFS11], les auteur se sont aussi possés une question de savoir si, lorsque $\mathbb{Q}_1$ est dominée stochastiquement par $\mathbb{Q}_2$ alors $v(\alpha, \mathbb{Q}_1) \leqslant v(\alpha, \mathbb{Q}_2)$. Une réponse partielle à cette question a été obtenue, voir [MSZ12].

1.2.2 Marche aléatoire excitée avec m cookies aléatoires sur $\mathbb{Z}^d$, ($m-$MAECA)

Nous donnons ensuite de manière similaire, les résultats concernant les marches aléatoires excitées avec cookie aléatoire. Le modèle général est présenté dans des articles par exemple [MPRV12] et [KZ12], la marche aléatoire en milieu cookie aléatoire sur $\mathbb{Z}^d$:

Soit $\mathcal{E} = \{\pm e_i | i \in \{1, ..., d\}\}$ l'ensemble des vecteurs unitaires de coordonnées. Soit $\Omega = \mathcal{M}_\mathcal{E}^{\mathbb{Z}^d \times \mathbb{N}}$ l'ensemble des environnements cookies avec la loi de l'environnement cookie $\mathbb{Q}$. L'élément ω est écrit comme $\omega = (\omega(y, e, i))_{y \in \mathbb{Z}^d, e \in \mathcal{E}, i \in \mathbb{N}^*}$ où $(\omega(y, e, i))_{e \in \mathcal{E}}$ est le $i^{\text{ème}}$ cookie en y. Pour chaque ω fixé, une marche aléatoire excitée partant de y en l'environnement ω est une marche aléatoire $Y = (Y_n)_{n \geqslant 0}$ sur un espace de probabilité $(\Omega', \mathcal{F}', \mathbb{P}_{y,\omega})$ qui satisfait :

$$\mathbb{P}_{y,\omega}(Y_0 = y) = 1 \text{ et}$$
$$\mathbb{P}_{y,\omega}[Y_{n+1} - Y_n = e | (Y_i)_{0 \leqslant i \leqslant n}] = \omega(Y_n, e, \#\{i \in \{0, 1, ..., n\} : Y_i = Y_n\}).$$

Les modèles particulers sont étudiés dans [HS12], [HS11], [Hol12] pour les marches aléatoires en milieu aléatoire partiel et [Bau13] pour la marche aléatoire excitée en milieu aléatoire dans le cas de dimension $d = 1$. Dans cette thèse, nous considérons la marche aléatoire excitée avec cookies aléatoires qui génégalise la marche aléatoire excitée introduite dans [BW03]. C'est aussi un modèle particulier du modèle marche aléatoire en milieu cookie aléatoire.

Soient m un entier positif ou $m = +\infty$, $\mathbb{B} := ([0;1]^m)^{\mathbb{Z}^d}$ l'espace des environnements et $\beta := \{(\beta_k(y))_{1 \leqslant k \leqslant m}\}_{y \in \mathbb{Z}^d} \in \mathbb{B}$ un environnement de loi $\mathbb{Q}$. On place m cookies sur chaque site de $\mathbb{Z}^d$, le $i^{\text{ème}}$ cookie en y est lié a $\beta_k(y)$. Une marche aléatoire excitée $\{Y_n\}_{n \geqslant 0}$ avec cookie aléatoire (m-MAECA) $\beta := \{(\beta_k(y))_{1 \leqslant k \leqslant m}\}_{y \in \mathbb{Z}^d} \in \mathbb{B}$ sur le réseau $\mathbb{Z}^d$, est une marche aléatoire en temps discret, au plus proche voisin obéissant à la règle suivante : quand au temps n, la marche est à un point qui a k cookies où $1 \leqslant k \leqslant m$, alors elle mange un cookie et elle saute avec probabilité $(1+\beta_k(y))/2d$ à droite, probabilité $(1-\beta_k(y))/2d$ à gauche et probabilité $1/2d$ sur les autres sites voisins. D'autre part, quand la marche est à un point y qui n'a plus de cookie, alors elle saute uniformément au hasard sur un des $2d$ sites voisins.

Ainsi, quand β est fixé, la loi "quenched" $\mathbb{P}_\beta$ de la MAE avec m-cookies β, est la probabilité sur l'espace de trajectoire $(\mathbb{Z}^d)^\mathbb{N}$, définie par :

- $\mathbb{P}_\beta(Y_0 = 0) = 1$;

- $\mathbb{P}_\beta[Y_{n+1} - Y_n = \pm e_i | Y_0, \cdots, Y_n] = \frac{1}{2d}$ for $2 \leqslant i \leqslant d$;

- Si Y_n a été visité $k-1$ fois avant le temps n, *i.e* sur l'événement $\{Y_n \in_k\} = \{\sum_{j=0}^{n-1} 1_{Y_n=Y_j} = k-1\}$

$$\mathbb{P}_\beta[Y_{n+1} - Y_n = \pm e_1 | Y_0, \cdots, Y_n] = \begin{cases} \frac{1 \pm \beta_k(Y_n)}{2d}, & \text{pour } 1 \leqslant k \leqslant m; \\ \frac{1}{2d}, & \text{pour } k > m. \end{cases}$$

Nous avons prouvé la loi des grands nombres pour ce modèle sous certaines conditions sur le cookie aléatoire β. Il y a beaucoup de travaux dans le cas d'un environnement i.i.d, aussi nous avons regardé le cas d'un cookie stationnaire. La vitesse dépend alors de la loi $\mathbb{Q}$ du cookie. Dans ce cadre, la question de la monotonie devient : "Est-ce que la vitesse est monotone dans la loi $\mathbb{Q}$ de l'environnement ?" Cette question a aussi été étudiée pour les modèles du deuxième type de MAMA où le graphe change avec l'environnement.

1.3 Les outils et l'idée d'approche

1.3.1 Temps de coupure de marche aléatoire simple symétrique

Dans les résultats pour les grandes dimensions, nous utilisons un outil important, les temps de coupure des marches aléatoires simples, symétriques sur $\mathbb{Z}^d$. Les temps de coupure ont été utilisés dans [BSZ03], [HS12], [Hol12]. Il est très utile de construire un système ergodique grâce à ces temps pour prouver la loi des grands nombres. Un grand avantage des temps de coupure est qu'ils ne dépendent ni des paramètres, ni des lois de l'environnement, dans les modèles que nous étudions. Par exemple, pour la MAE de biais β, $\{Y_n\}$, la composante verticale $Z_n = (Y_n \cdot e_2, Y_n \cdot e_3, ..., Y_n \cdot e_d)$ est une marche aléatoire simple symétrique sur $\mathbb{Z}^{d-1}$, on peut alors considérer les temps de coupure pour la composante verticale et ces temps ne dépendent pas de β. Ils ne dépendent que d'une marche aléatoire simple symétrique. Les temps de coupure existent pour $d \geqslant 5$.

Définition 1.3.1. Soit $(Z_n)_{n \in \mathbb{Z}}$ une marche aléatoire simple symétrique (MAS) sur $\mathbb{Z}^d$ telle que $Z_0 := 0$, $p.s$. Soit $(\Omega, \mathcal{F}, \mathbb{P})$ l'espace probabilité sur lequel la marche (Z_n) est définie. Un temps de coupure est un temps séparant la trajectoire en deux parties disjointes, cela signifie que n est un temps de coupure de la MAS (Z_n) si

$$Z_{(-\infty,n)} \bigcap Z_{[n,+\infty)} = \emptyset.$$

On appelle $\mathcal{D}$ l'ensemble de temps de coupure et $W = \{\omega \in \Omega, card(\mathcal{D}(\omega) \cap (-\infty, 0]) = card(\mathcal{D}(\omega) \cap [0, +\infty)) = +\infty\}$. Sur l'espace W, on écrit $\mathcal{D}$ sous la forme :

$$\mathcal{D} = \{..., T_{-2}, T_{-1}, T_0, T_1, T_2, ...\} \text{ où } ... < T_{-2} < T_{-1} < 0 \leqslant T_0 < T_1 < T_2 < ...$$

On note $T := T_1$ le premier de temps coupure strictement positif. On peut montrer que $P[0 \in \mathcal{D}] > 0$, $\mathbb{P}(W) = 1$ pour $d \geqslant 5$ et $P[0 \in \mathcal{D}]$ est nulle pour $d < 5$, voir [BSZ03]. On a aussi que les morceaux $\{Z_{[T_i, T_{i+1})}\}_{i \in \mathbb{Z}}$ sont stationnaires où $\{Z_{[T_i, T_{i+1})}\}$ correspond à la suite $\{Z_{T_i}, Z_{T_i+1}, ..., Z_{T_{i+1}-1}\}$. Le lemme 1.1 dans [BSZ03] nous permet d'affirmer que les moments de T sont finis quand la dimension d est assez grande. On note $\hat{\mathbb{P}}$, la probabilité P conditionnelle $\hat{\mathbb{P}} := \mathbb{P}[\cdot | 0 \in \mathcal{D}]$. Alors, on a $\hat{\mathbb{E}}T = \frac{1}{\mathbb{P}[0 \in \mathcal{D}]}$. Nous pouvons aussi montrer que $\sup_{d \geqslant 8} \hat{\mathbb{E}}(T^2) < +\infty$ et $\sup_{d \geqslant 10} \hat{\mathbb{E}}(T^3) < +\infty$. Les propriétés de stationnarité, de dépendance par rapport à la loi de la MAS uniquement, de finitude des moments, vont être appliquées pour prouver la loi des grands nombres et pour estimer la dérivée de la vitesse dans les modèles considérés. Par exemple, pour la MAE, en utilisant la propriété d'ergodicité, il est possible d'exprimer la vitesse dans la direction de dérive e_1 comme suit :

$$v(\beta, d) = \frac{\mathbb{E}_\beta(X_T | 0 \in \mathcal{D})}{\mathbb{E}_\beta(T | 0 \in \mathcal{D})} \quad (1.3)$$

où X est la composante horizontale $X_n = Y_n \cdot e_1$ de la marche, T est le premier temps de coupure positif de la marche aléatoire simple symétrique qui vient de la composante verticale $Z_n = (Y_n \cdot e_1, Y_n \cdot e_2, ..., Y_n \cdot e_d)$.

1.3.2 Temps de renouvellement pour les marches aléatoires excitées

On les appelle aussi les temps de regénération. Les temps de coupure ont l'inconvénient de n'exister que pour les dimensions $d \geqslant 5$ alors que les temps de renouvellement sont définis pour toute dimension. En revanche quand $\beta = 0$, les temps de renouvellement n'existent plus, mais quand $d \geqslant 5$ il existe des temps de coupure pour tous β (et $d \geqslant 5$). Un autre inconvénient des temps de renouvellement est que leurs lois dépendent de β.

Nous allons définir les temps de renouvellement pour une marche aléatoire excitée. Soit $\{Y_n\}_{n \geqslant 0}$ une MAE sur $\mathbb{Z}^d$ (cf section 1.1.2).

Définition 1.3.2. Nous présentons la définition donnée dans [BR07] et [MPRV12]. Pour chaque $u > 0$, on pose :

$$T_u = \min\{k \geqslant 1 : Y_k \cdot e_1 \geqslant u\}.$$

On définit

$$\overline{D} = \inf\{m \geqslant 0 : Y_m \cdot e_1 < Y_0 \cdot e_1\}.$$

De plus, on définit deux suites de $\mathcal{F}_n^Y$−temps d'arrêt $\{S_n : n \geqslant 0\}$ et $\{D_n : n \geqslant 0\}$ comme suit : Soient $S_0 = 0, R_0 = Y_0 \cdot e_1$ et $D_0 = 0$. On définit par récurrence sur $k \geqslant 0$

$$S_{k+1} = T_{R_k+1}$$
$$D_{k+1} = \overline{D} \circ \theta_{S_{k+1}} + S_{k+1}$$
$$R_{k+1} = \sup\{Y_i \cdot e_1 : 0 \leqslant i \leqslant D_{k+1}\},$$

où θ est le décalage canonique sur l'espace de trajectoires. Soit

$$\kappa = \inf\{n \geqslant 0 : S_n < \infty, D_n = \infty\},$$

avec le convention $\inf\{\emptyset\} = \infty$. On definit le premier temps de regénération comme suit :

$$\tau_1 = S_\kappa.$$

On définit ensuite par récurrence sur $n \geqslant 1$, une suite de temps de regénération $\tau_1, \tau_2, \ldots$ comme suit :

$$\tau_{n+1} = \tau_n + \tau_1(Y_{\tau_n+\cdot}).$$

Ensuite, on définit $D_i^{(0)} = D_i$ et $S_i^{(0)} = S_i$ et pour chaque $k \geqslant 1$ deux suites $D_i^{(k)}$ et $S_i^{(k)}$ correspondant à la trajectoire $(Y_{\tau_k+\cdot})$, de la même façon que les suites D_i et S_i sont définies par rapport à Y. Par exemple, $S_0^{(1)}, R_0^{(1)} = Y_{\tau_1} \cdot e_1, D_0^{(1)} = 0$ et on définit par récurrence en $i \geqslant 0$,

$$S_{i+1}^{(1)} = T_{R_i^{(1)}+1}$$
$$D_{i+1}^{(1)} = \overline{D} \circ \theta_{S_{i+1}^{(1)}} + S_{i+1}^{(1)}$$
$$R_{i+1}^{(1)} = \sup\{Y_i \cdot e_1 : 0 \leqslant i \leqslant D_{i+1}^{(1)}\}.$$

Pour chaque $k \geqslant 1$ et $j \geqslant 0$ tel que $S_j^{(k)} < \infty$, on a besoin d'introduire la σ-algèbre $\mathcal{G}_j^{(k)}$ des événements antérieurs à $S_j^{(k)}$ comme la plus petite σ-algèbre contenant tous les ensembles de la forme $\{\tau_1 \leqslant n_1\} \cap \{\tau_2 \leqslant n_2\} \cap ... \{\tau_k \leqslant n_k\} \cap A$, où $n_1 < n_2 < ... < n_k$ sont entiers et $A \in \mathcal{F}_{n_k + S_j^{(0)} \circ \theta_{n_k}}$.

L'essence des temps de regénération est donnée par le lemme suivant :

Lemme 1.3.3. *Le premier temps de regénération τ_1 est le premier temps où la marche atteint l'hyperplan $\{y \cdot e_1 = Y_{\tau_1} \cdot e_1\}$, et après lequel elle ne retourne jamais en arrière de cette hyperplan.*

$$\tau_1 = \inf\{n \geqslant 0 : \sup_{0 \leqslant i < n} Y_i \cdot e_1 < Y_n \cdot e_1 \leqslant \inf_{n \leqslant i} Y_i \cdot e_1\}.$$

Démonstration. Par définition des deux suites S_i et D_i on a : $S_0 = D_0 = 0 < S_1 < D_1 < S_2 < D_2 < ....$ Comme D_i, S_i sont entiers, alors $\lim_{i \to \infty} S_i = \lim_{i \to \infty} D_i = +\infty$. On pose

$$\tau_1' = \inf\{n \geqslant 0 : \sup_{0 \leqslant i < n} Y_i \cdot e_1 < Y_n \cdot e_1 \leqslant \inf_{n \leqslant i} Y_i \cdot e_1\},$$

on va montrer que $\tau_1 = \tau_1'$. Premièrement, il est clair que $\tau_1 \in \{n \geqslant 0 : \sup_{0 \leqslant i < n} Y_i \cdot e_1 < Y_n \cdot e_1 \leqslant \inf_{n \leqslant i} Y_i \cdot e_1\}$. Ainsi $\tau_1' \leqslant \tau_1$. D'autre part, il existe un entier i_0 tel que $S_{i_0} \leqslant \tau_1' < S_{i_0+1}$. On va montrer que $\tau_1' = S_{i_0}$. En effet, si $S_{i_0} < \tau_1' \leqslant D_{i_0}$ alors par définition de τ_1', on a $Y_{S_{i_0}} \cdot e_1 < Y_{D_{i_0}} \cdot e_1$, ce qui est contraditoire avec le fait que $Y_{S_{i_0}} \cdot e_1 > Y_{D_{i_0}} \cdot e_1$. Si $D_{i_0} < \tau_1' < S_{i_0+1}$, alors $R_{i_0} = \sup\{Y_i \cdot e_1 : 0 \leqslant i \leqslant D_{i_0}\} < Y_{\tau_1'} \cdot e_1$ et $R_{i_0} + 1 \leqslant Y_{\tau_1'} \cdot e_1$. Par conséquent $\tau_1' \in \{k \geqslant 1 : Y_k \cdot e_1 \geqslant R_{i_0} + 1\}$ et on en déduit que $S_{i_0+1} \leqslant \tau_1'$, ce qui contredit l'hypothèse $D_{i_0} < \tau_1' < S_{i_0+1}$. Donc, il reste seulement $\tau_1' = S_{i_0}$. Grâce à la définition de τ_1' on obtient $\overline{D} \circ \theta_{S_{i_0}} = \infty$ alors $D_{i_0} = \infty$. On en déduit que $i_0 \geqslant \kappa = \inf\{n \geqslant 0 : S_n < \infty, D_n = \infty\}$, et $\tau_1 = S_\kappa \leqslant S_{i_0} = \tau_1'$. $\square$

À propos de l'existence du temps de regénération et de l'existence de moments de tout ordre, on a le lemme clé suivant prouvé dans [BR07], [MPRV12] :

Lemme 1.3.4. *Soit* $(Y_n)_{n \geqslant 0}$ *une marche aléatoire excitée avec dérive* $\beta \in [0,1]$ *fixée et soient* $(\tau_k, k \geqslant 1)$ *les temps de renouvellement associés. Alors, il existe* $C, \alpha > 0$ *tels que pour chaque* $n \geqslant 1$,
$$\sup_{k \geqslant 1} \mathbb{P}_\beta[\tau_{k+1} - \tau_k > n | \mathcal{G}_0^{(k)}] \leqslant C e^{-n^\alpha} \; p.s.$$
En particulier, pour chaque $k \geqslant 1$ *et* $p \geqslant 1$, *on a* $\tau_k < \infty \, p.s$ *et* $\mathbb{E}_\beta[(\tau_{k+1} - \tau_k)^p] < \infty$.

Le lemme ci-dessus nous donne une estimation des temps de renouvellement pour chaque dérive $\beta > 0$ fixée. On sait que, quand $\beta = 0$, il n'existe pas de temps de renouvellement, on voudrait estimer les temps de renouvellement quand β converge vers 0. C'est une question très intéressante et difficile. Ces temps de régénération sont utilisés dans plusieurs modèles pour montrer la loi des grands nombres et pour montrer la relation d'Einstein. La relation d'Einstein est un problème de physique mathématique, qui a été étudié la première fois par le grand physicien Albert Einstein [Ein05]. Récemment, ce problème est apparu dans les travaux de mathématiciens, par exemple dans les articles [BAHOZ11], [GMP12],...Il s'agit d'étudier la relation entre la diffusion à l'équilibre, et la dérivée de la vitesse de processus stochastiques au point critique $\beta = 0$. Une propriété très importante des temps de renouvellement, est qu'ils coupent une trajectoire de la marche en morceaux indépendants (voir [BR07] et [MPRV12]) :

Lemme 1.3.5. *Sous la probabilité* $\mathbb{P}_\beta$, *les variables aléatoires* $(X_{\tau_{k+1}} - X_{\tau_k}, \tau_{k+1} - \tau_k)_{k \geqslant 1}$ *et* (X_{τ_1}, τ_1) *sont indépendantes et* $(X_{\tau_{k+1}} - X_{\tau_k}, \tau_{k+1} - \tau_k)_{k \geqslant 1}$ *ont la même loi que* (X_{τ_1}, τ_1) *sous la probabilité* $\mathbb{P}_\beta$ *sachant la condition* $\overline{D} = \infty$, *notée* $\hat{\mathbb{P}}_\beta(\cdot) = \mathbb{P}_\beta(\cdot | \overline{D} = \infty)$.

Grâce aux lemmes 1.3.4 et 1.3.5 et avec la notation $\tau = \tau_1$, on a $\mathbb{P}_\beta[\tau \geqslant n] < Ce^{-n^\alpha}$. On remarque que le lemme 1.3.5 n'est plus vrai pour le modèle de la marche aléatoire excitée généralisée,(voir [MPRV12]), et dans ce cas, la définition des temps de renouvellement est modifiée comme dans [She03], [GMP12]. On veut estimer les moments de τ en fonction de β en se demandant s'il existe un entier k tel que $\sup_{\beta \in (0,1]} \beta^k \hat{\mathbb{E}}_\beta \tau < \infty$, ou $\sup_{\beta \in (0,1]} \beta^{2k} \hat{\mathbb{E}}_\beta \tau^2 < \infty$? Nous nous intéressons au cas $k = 2$, et souhaitons trouver une définition des temps de renouvellement, pour obtenir $k = 2$. Avec la définition 1.3.2, il est difficile d'estimer τ, et il est utile de changer un peu la définition de τ, comme par exemple, dans l'article [GMP12], où les auteurs autorisent la marche à retourner en arrière et à dépasser l'hyperplan (dans le lemme 1.3.3) d'une distance $\lambda = \frac{\varepsilon}{\beta}$, ce qui

veut dire qu'on redéfinit
$$\overline{D} = \inf\{m \geqslant 0 : Y_m \cdot e_1 < Y_0 \cdot e_1 - \lambda\}.$$

Avec ce changement, pour les marches aléatoires et les processus de Markov en temps continu, le lemme 1.3.5 est encore vrai, mais pour les procesus non markoviens comme la marche aléatoire excitée, il n'est plus vérifié. Une difficulté supplémentaire apparaît quand on veut étudier les processus non markoviens en utilisant des temps de renouvellement.

1.3.3 Transformation de Girsanov

D'abord, nous présentons un théorème relevant de la théorie de la mesure.

Théorème 1.3.6 (Théorème de Radon-Nykodym). *Soit (E, Σ) un espace mesurable. Si une mesure $\sigma-$finie ν sur (E, Σ) est absolument continue par rapport à une mesure $\sigma-$finie μ sur (E, Σ), alors il existe une fonction mesurable sur (E, Σ) à valeurs dans $[0, +\infty)$ telle que, pour tout ensemble A mesurable*

$$\nu(A) = \int_A f d\mu.$$

On écrit
$$\frac{d\nu}{d\mu} = f,$$

f est appelée la dérivée de Radon-Nykodym : dans la théorie des probabilités, on l'appelle aussi la dérivée de Girsanov en référence à la formule de Girsanov. Dans cette thèse, nous voulons calculer la dérivée de la vitesse. Pour cela, nous utilisons la transformation de Girsanov pour calculer la dérivée de Girsanov entre deux lois de la marche. Par exemple, pour une marche aléatoire excitée avec la loi $\mathbb{P}_\beta, (0 \leqslant \beta \leqslant 1)$, nous considérons $\frac{d\mathbb{P}_\beta}{d\mathbb{P}_{\beta'}}$, et surtout $\frac{d\mathbb{P}_\beta}{d\mathbb{P}_0}$. Nous introduisons les tribus $\mathcal{F}_n^Y = \sigma\{Y_0, Y_1, ..., Y_n\}$, $\mathcal{F} = \sigma\{\cup_{n \geqslant 0} \mathcal{F}_n^Y\}$, $\mathcal{G}_n = \sigma\{\mathcal{F}_n^Y, Z\}$ où Z correspond à toute la trajectoire de la marche, le $\mathcal{G}_n$ contient la tribu engendrée par une marche aléatoire simple symétrique Z, (ici $Z_n = (Y_n \cdot e_2, Y_n \cdot e_3, ..., Y_n \cdot e_d)$ pour tout n). Nous considérons aussi les tribus avant les temps T et τ. Par exemple $\mathcal{F}_\tau = \sigma\{\cup_{n \geqslant 0}[A_n \cap (\tau = n)] : n \geqslant 0, A_n \in \mathcal{F}_n^Y\}$. En fait, $\mathbb{P}_\beta$ n'est pas absolument continue par rapport à $\mathbb{P}_{\beta'}$ sur la tribu $\mathcal{F}$, mais elle l'est sur les autres tribus comme $\mathcal{F}_n^Y$, $\mathcal{G}_n$, $\mathcal{F}_\tau$... au-dessus et nous pouvons calculer la dérivée de Girsanov sur chacune de ces tribus.

1.3.4 Couplage des marches aléatoires

La méthode de couplage est une méthode qui a couramment été utilisée dans les preuves de récurrence ou de monotonie de marches aléatoires. Dans [BW03], les auteurs ont couplé une marche aléatoire excitée avec une marche aléatoire simple symétrique pour montrer la récurrence de la MAE. Dans [BFS11], cette méthode a été utilisée pour montrer la monotonie en couplant trois marches, deux marches aléatoires de biais respectif β et $\beta + \varepsilon$ sur l'arbre de Galton-Watson, avec une marche aléatoire simple de biais β sur $\mathbb{Z}$. Dans cette thèse, nous allons coupler une marche aléatoire excitée avec $m-$ cookies identiques de biais β avec une marche aléatoire stationnaire que nous allons construire de la manière suivante :

Soit $(Z_n)_{n \in \mathbb{Z}}$ une marche aléatoire simple sur $\mathbb{Z}^{d-1}$, où $Z_0 = 0$, p.s. et elle reste sur place avec probabilité $\frac{1}{d}$, elle saute sur chaque site voisin avec probabilité $\frac{1}{2d}$. Considérons une suite $(\xi_n, \zeta_n)_{n \in \mathbb{Z}}$ de couples indépendants, indépendantes de Z et vérifiant :

$$\xi_n \sim Ber\left(\frac{1}{2}\right), \ \zeta_n \sim Ber\left(\frac{1+\beta}{2}\right) \text{ et } \xi_n \leqslant \zeta_n.$$

On note $\{Z_n \notin\}$ l'événement $\{Z_n \notin Z_{(-\infty,n)}\}$. Maintenant, nous allons contruire deux marche aléatoire $(Y_n)_{n \geqslant 0}$ et $(\overline{Y}_n)$ comme la façon suivante :

$(Y_n)_{n \geqslant 0}$ une marche aléatoire telle que $Y_0 = 0$, p.s., la composante verticale $(Y_n \cdot e_2, Y_n \cdot e_3, ..., Y_n \cdot e_d) = Z_n$ et la composante horizontale $X_n = Y_n \cdot e_1$ est telle que

- Si Y_n n'a pas été visité plus de $m-1$ fois avant le temps n (on note $\{Y_n \notin^m\}$), alors $X_{n+1} - X_n = (2\zeta_n - 1)1_{Z_n = Z_{n+1}}$.

- Sinon (on note $\{Y_n \in^m\}$), alors $X_{n+1} - X_n = (2\xi_n - 1)1_{Z_n = Z_{n+1}}$.

Avec la construction ci-dessus, (Y_n) est une $m-$MAE de biais β, (la preuve est donnée dans la section 2.1.1 de la contruction de MAE). Maintenant, nous allons construire une marche aléatoire $(\overline{Y}_n)$. On pose $\overline{Y}_0 = 0$. La composante verticale est $(\overline{Y}_n \cdot e_2, \overline{Y}_n \cdot e_3, ..., \overline{Y}_n \cdot e_d) = Z_n, n \geqslant 0$. La composante horizontale est définie comme suit :

- Si Z_n est nouveau, i.e. sur un événement $\{Z_n \notin\}$, on pose $\overline{X}_{n+1} - \overline{X}_n = (2\zeta_n - 1)1_{Z_n = Z_{n+1}}$;

- Si Z_n est vieux i.e. sur un événement $\{Z_n \in\}$, on pose $\overline{X}_{n+1} - \overline{X}_n = (2\xi_n - 1)1_{Z_n = Z_{n+1}}$.

Nous obtenons que $\overline{Y}$ est une marche aléatoire stationnaire. Avec un couplage ci-dessus, on a $\overline{X}_{n+1} - \overline{X}_n \leqslant X_{n+1} - X_n$ et on en déduit que si $(\tau_n)_{n \geqslant 1}$ sont les temps de renouvellement de marche aléatoire stationnaire $\overline{Y}$ alors ils sont aussi pour la $m-$ marche aléatoire excitée Y. Cette propriété est utilisée pour prouver la monotonie de la vitesse de la $m-$ MAE quand m est assez grand.

1.3.5 La relation entre convergence uniforme en probabilité et intégralité uniforme

Lemme 1.3.7. *Soient J un intervalle de $\mathbb{R}$ et $\{X_n(\beta)\}_{\beta \in J, n \geqslant 1}$, $\{X(\beta)\}_{\beta \in J}$ des familles de variables aléatoires positives. On suppose que*

1. *pour chaque n, $\{X_n(\beta)\}_{\beta \in J}$ est uniformément intégrable ;*

2. *$\{X(\beta)\}_{\beta \in J}$ est uniformément intégrable ;*

3. *$X_n(\beta)$ converge en probabilité vers $X(\beta)$, uniformément en β : pour chaque $\varepsilon > 0$,*

$$\lim_{n \to +\infty} \sup_{\beta \in J} \mathbb{P}(|X_n(\beta) - X(\beta)| > \varepsilon) = 0\,.$$

Alors, $\lim_{n \to +\infty} \sup_{\beta \in J} |\mathbb{E}(X_n(\beta)) - \mathbb{E}(X(\beta))| = 0$ si et seulement si $\{X_n(\beta)\}_{n \in \mathbb{N}, \beta \in J}$ est uniformément intégrable.

La preuve de ce lemme se trouve à la fin de la section 2.2. Ce lemme est utilisé pour prouver que quand le nombre de cookies tend vers l'infini ou quand la dimension d tend vers l'infini alors la dérivée de la vitesse converge vers une fonction positive.

1.3.6 Stationnarisation de marche aléatoire excitée

Soit $(Y_n)_{n \geqslant 0}$ une marche aléatoire excitée de biais β. La vitesse au temps n est définie par :

$$v_n(\beta) = \mathbb{E}_\beta \left(\frac{X_n}{n} \right).$$

Le nombre de points visités par la marche au temps n est égal au nombre de nouveaux points :

$$N_n = 1_{Y_0 \notin} + 1_{Y_1 \notin} + \dots + 1_{Y_{n-1} \notin}.$$

Alors, on a l'égalité :
$$v_n(\beta) = \frac{\beta}{d} \cdot \mathbb{E}_\beta\left(\frac{N_n}{n}\right).$$
Par la loi des grands nombres (see [BR07], [MPRV12]), on obtient les limites suivantes :
$$\lim_{n\to\infty} v_n(\beta) = v(\beta), \quad \lim_{n\to\infty} \frac{N_n}{n} = N(\beta), \quad \mathbb{P}_\beta - p.s.$$
Ici $v(\beta)$, $N(\beta)$ sont des constantes positives telles que
$$v(\beta) = \frac{\beta}{d} N(\beta).$$
Donc, pour montrer la différentiabilité en $\beta = 0$, il faut montrer que la limite $\lim_{\beta \to 0} N(\beta)$ existe. Nous devons chercher une meilleure expression de la limite $N(\beta)$ comme on a fait pour la marche aléatoire simple symétrique, voir [LGR91]. Remarquez que, si $\mathbb{P}_{m,\beta}$ est la loi de la marche aléatoire excitée avec m cookies, alors quand $m = +\infty$, $\mathbb{P}_{\infty,\beta}$ est la loi de la marche aléatoire simple de biais β. Il existe $\overline{N}(\beta)$ tel que $\mathbb{P}_{\infty,\beta}$–p.s., on a (see [DE51], [Spi01]) :
$$\overline{N}(\beta) = \lim_{n\to\infty} \frac{N_n}{n}.$$
Dans [LGR91], pour une marche aléatoire stable, en particulier la MAS, on a l'égalité :
$$\overline{N}(\beta) = \mathbb{P}_{\infty,\beta}[Y_0 \notin Y_{[1,+\infty)}].$$
Cette expression est très utile pour montrer la continuité de $\overline{N}(\beta)$ car $\overline{N(\beta)}$ est la limite de la suite décroissante
$$\overline{N}(\beta) = \lim_{n\to\infty} \mathbb{P}_{\infty,\beta}[Y_0 \notin Y_{[1,n)}].$$
Nous voulons faire la même chose pour la MAE, et pour cela, nous voulons stationnariser la MAE. Cela signifie que avec une MAE de biais β donnée, nous allons contruire une marche aléatoire indexée par $\mathbb{Z}$ qui est stationnaire, et telle que les propriétés de la MAE sont conservées. Plus précisément, soient $(Y_n)_{n\in\mathbb{Z}}$ les applications coordonnées sur $(\mathbb{Z}^d)^{\mathbb{Z}}$. Supposons que $\{Y_n\}_{n\geq 0}$ sous la loi $\mathbb{P}_\beta$ est une MAE de biais β. On dit que $(Y'_n)_{n\in\mathbb{Z}}$ défini sur un espace de probabilité $(\Omega, \mathcal{F}, Q)$, est une stationnarisation de la MAE $(Y, \mathbb{P}_\beta)$ si pour chaque $n \in \mathbb{Z}$, en posant $\Delta'_n := Y'_{n+1} - Y'_n$ et la tribu $\mathcal{F}'^{\Delta}_n = \sigma\{..., \Delta'_{n-2}, \Delta'_{n-1}\} = \sigma\{\Delta'_{(-\infty,n)}\}$, on a

- $Q(Y'_0 = 0) = 1$;

- Si Y'_n est nouveau i.e. sur l'événement $\{Y'_n \notin\} = \{Y'_n \notin Y'_{(-\infty,n)}\}$ alors

$$Q(Y'_{n+1} - Y'_n = \pm e_1 | \mathcal{F}'^{\Delta}_n) = \frac{1 \pm \beta}{2d}$$

$$Q(Y'_{n+1} - Y'_n = \pm e_i | \mathcal{F}'^{\Delta}_n) = \frac{1}{2d} \text{ pour chaque } 2 \leqslant i \leqslant d.$$

- Si Y'_n est vieux i.e. sur l'événement $\{Y'_n \in\} = \{Y'_n \in Y'_{(-\infty,n)}\}$ alors

$$Q(Y'_{n+1} - Y'_n = \pm e_i | \mathcal{F}'^{\Delta}_n) = \frac{1}{2d} \text{ pour chaque } 1 \leqslant i \leqslant d.$$

La définition ci-dessus, c'est juste une idée et on va utiliser cette idée mais on n'a pas besoin de construire directement une marche aléatoire Y' de la stationnarisation de Y. Il est équivalent de dire que $(Y'_n)_{n \in \mathbb{Z}}$ satisfait avec trois suites (Z_n), (ξ_n) et (ζ_n) comme dans la section 1.3.4 dont la composante verticale est $(Y'_n \cdot e_2, Y'_n \cdot e_3, ..., Y'_n \cdot e_d) = Z_n$ pour tout $n \in \mathbb{Z}$ et la composante horizontale

$$X'_{n+1} - X'_n = [(2\zeta_n - 1)1_{Y'_n \notin} + (2\xi_n - 1)1_{Y'_n \in}]1_{Z_n = Z_{n+1}}.$$

Alors, $(Y'_n)_{n \in \mathbb{Z}}$ est une marche aléatoire excitée stationnaire (MAES). On a, $Q - p.s.$ la vitesse

$$v'(\beta) = \lim \frac{X'_n}{n} = \frac{\beta}{d} \lim \frac{N'_n}{n} = \frac{\beta}{d} N'(\beta) \text{ où } N'(\beta) = Q[Y'_0 \notin Y'_{(-\infty,0)}].$$

Nous voulons montrer que la vitesse et la limite du nombre moyen de points visités de la marche aléatoire excitée stationnaire sont les mêmes que celles de la marche aléatoire excitée. En fait, nous pouvons contruire une MAES $(Y'_n)_{n \in \mathbb{Z}}$ pour des dimensions $d \geqslant 4$. Pour les dimensions $d = 1, 2, 3$ nous ne savons pas encore comment le faire. Soient $d \geqslant 4$ et trois suites indépendantes $(Z_n)_{n \in \mathbb{Z}}$, $(\xi_n)_{n \in \mathbb{Z}}$ et $(\zeta_n)_{n \in \mathbb{Z}}$ satisfont : $(Z_n)_{n \in \mathbb{Z}}$ une marche aléatoire simple sur $\mathbb{Z}^{d-1}$, où $Z_0 = 0$ et $\mathbb{P}(Z_{n+1} - Z_n = 0) = 1/d$. La suite $(\xi_n, \zeta_n)_{n \in \mathbb{Z}}$ de couples indépendants, est indépendante de Z et vérifie :

$$\xi_n \sim Ber\left(\frac{1}{2}\right), \zeta_n \sim Ber\left(\frac{1+\beta}{2}\right) \text{ et } \xi_n \leqslant \zeta_n.$$

D'abord nous contruisons une marche aléatoire stationnaire $(\overline{Y}_n)$ dont la composante verticale est Z_n. La composante horizontale est définie par :

$$\overline{X}_{n+1} - \overline{X}_n = [(2\xi_n - 1)1_{\overline{Z}_n \in} + (2\zeta_n - 1)1_{\overline{Z}_n \notin}]1_{Z_n = Z_{n+1}} \text{ pour tout } n \in \mathbb{Z}.$$

Quand $d \geqslant 4$, alors il existe une suite de temps de renouvellement $(\tau_n)_{n \in \mathbb{Z}}$ de la marche $\overline{Y}$ qui sont aussi des temps de renouvellement de (Y'_n). Posons alors $Y'_0 = 0$ p.s., nous pouvons contruire les morceaux $\{Y'_{[\tau_{-n},\tau_n]}\}$ pour $n = 1$, et puis pour $n = 2, 3, 4, \ldots$. Effectivement, la contruction et la preuve des propriétés de la marche aléatoire excitée stationnaire ne sont pas faciles, surtout pour les dimensions petites $d = 1, 2, 3$. Pour cela, dans la preuve de différentiabilité à 0 de MAE, nous évitons de contruire directement la stationnarisation de la MAE mais nous utilisons cette idée.

1.4 Les résultats, les difficultés et les questions ouvertes

1.4.1 Les résultats en grande dimension en utilisant les temps de coupure

Les résultat dans cette section sont présenté dans notre papier [Pha13].

Pour une marche aléatoire excitée de biais β.

Théorème 1.4.1. *Soit $(Y_n)_{n\geqslant 0}$ une marche aléatoire excitée de biais β. Alors,*

1. *La vitesse est différentiable en $\beta \in]0;1[$ pour $d \geqslant 8$.*

2. *Il existe $d_0 \in \mathbb{N}^*$, $\beta_0 \in (0,1)$ tels que la vitesse de la marche aléatoire excitée est croissante en $\beta \in [0;1]$ pour $d \geqslant d_0$ et croissante en $\beta \in [0, \beta_0)$ pour $d \geqslant 8$.*

3. *Pour $d \geqslant 6$, la dérivée au point critique 0 existe, est positive et satisfait :*

$$\lim_{\beta \to 0} \frac{v(\beta)}{\beta} = \frac{1}{d} R(0),$$

où $R(0) := \lim_{n \to \infty}(R_n/n)$, et R_n est le nombre de points visités au temps n de la marche aléatoire simple symétrique sur $\mathbb{Z}^d$.

Ce résultat n'est pas nouveau. En fait, un meilleur résultat sur la monotonie de la vitesse pour la MAE quand $d \geqslant 9$ (i.e $d_0 = 9$) est prouvé dans [vdHH10] :

Théorème 1.4.2 (R. van der Hofstad, and M.Holmes). *La vitesse de la marche aléatoire excitée de biais β est croissante pour tout $\beta \in [0,1]$ quand $d \geqslant 9$ et elle est croissante au voisinage de 0 quand $d = 8$.*

Bien que le résultat que nous présentons soit plus faible, sa preuve ne fait pas appel à la technique du développement en dentelle. Nous avons construit directement un système dynamique en utilisant trois suites des variables aléatoires de Bernoulli (voir Section 2.1.1) et avons obtenu la formule concrète 1.3. Et puis, en utilisant la transformation de Girsanov pour la formule 1.3, nous avons calculé la dérivée et l'avons estimé pour la monotonie. Nous n'avons pas du tout utilisé les développements en dentelle.

Pour une marche aléatoire avec m cookies identiques (m–MAE).
Nous avons prouvé un nouveau résultat dans le cas plusieurs cookies déterministes pour toute dimension $d \geqslant 8$.

Théorème 1.4.3. *Pour $d \geqslant 8$, la vitesse $v(m,\beta)$ est différentiable en β dans $[0,1]$. De plus, la dérivée converge vers $\frac{1}{d}$ quand m tend vers l'infini, uniformément en β dans $[0,1]$,*

$$\lim_{m \to \infty} \sup_{\beta \in [0;1]} \left| \frac{\partial}{\partial \beta} v(m,\beta) - \frac{1}{d} \right| = 0.$$

On en déduit qu'il existe m_0, tel que pour $m \geqslant m_0$ la vitesse de la m-MAE est croissante en β dans $[0;1]$.

Pour une marche aléatoire excitée en mileu aléatoire. Nous avons étudié la loi des grands nombres pour un environnement de cookies stationnaire, nous avons prouvé un cas plus général que i.i.d, le cas Δ–échangeable. Avant de présenter le résultat pour la marche aléatoire excitée avec cookie aléatoire, nous avons besoin d'introduire la notion de cookie Δ–échangeable. Dans ce modèle, le cookie aléatoire $\beta = \{\beta(y)\}_{y \in \mathbb{Z}^d}$ est supposé être :

- stationnaire : $\beta(y + \cdot) \stackrel{loi}{=} \beta$ pour tout y en $\mathbb{Z}^d$;

- et/ou Δ-échangeable. Pour définir cette notion, nous considérons une famille $\Delta = \{\delta_z\}_{z \in \mathbb{Z}^{d-1}}$ d'applications bijectives de $\mathbb{Z}$ dans $\mathbb{Z}$. L'application $\sigma_\Delta : \mathbb{Z}^d \to \mathbb{Z}^d$ est définie par $\sigma_\Delta(x,z) = (\delta_z(x),z)$ pour tout $x \in \mathbb{Z}, z \in \mathbb{Z}^{d-1}$, est alors une bijection de $\mathbb{Z}^d$ dans $\mathbb{Z}^d$, agissant sur l'ensemble $\mathbb{B}$ des environnements par $\sigma_\Delta(\beta)(y) = \beta(\sigma_\Delta(y))$. Le cookie est dit Δ-échangeable si et seulement si $\sigma_\Delta(\beta) \stackrel{loi}{=} \beta$ pour toute famille Δ. Autrement dit, un cookie est Δ-échangeable si sa loi ne change pas quand on réalise des permutations du cookie sur chaque ligne horizontale.

On dit que les cookies sont identiques si le vecteur des biais satisfait :

$$\forall y \in \mathbb{Z}^d, \beta_1(y) = \beta_2(y) = ... = \beta_m(y) = \beta(y).$$

Théorème 1.4.4. *Soit* $\{Y_n\}$ *une MAE avec* $m-$*cookies aléatoires, où* m *est un entier positif ou* $m = +\infty$. *Supposons que le milieu cookie aléatoire est stationnaire et* Δ-*échangeable.*

1. *Pour* $d \geqslant 6$, $\frac{X_n}{n}$ *converge* $P-p.s.$ *vers une variable aléatoire non négative* V, *dont l'espérance est noté* $v(\mathbb{Q})$.

2. *Si les cookies sont identiques, il existe* $d_0 \in \mathbb{N}^*$ *tel que* $v(\mathbb{Q})$ *est croissante en* $\mathbb{Q}$ *pour* $d \geqslant d_0$ *(pour l'ordre partiel* $\prec$*)*.

3. *Si les cookies sont identiques, il existe* $\sigma \in [0;1)$ *tel que pour tout* $d \geqslant 10$, $v(\mathbb{Q})$ *est croissante en* $\mathbb{Q}$ *sur l'ensemble* $\{\mathbb{Q}$ *tel que* $\mathbb{Q}(0 \leqslant \beta(y) \leqslant \sigma, \forall y \in \mathbb{Z}^d) = 1\}$.

Ce résultat est nouveau. Dans les travaux précédents, par exemple dans [HS12], [Hol12], [vdHH12], les auteurs ont aussi étudié la loi des grands nombres et la monotonie de la vitesse pour les modèles en un milieu aléatoire et un milieu cookie aléatoire qui sont différents de notre modèle. Dans ces articles, l'environnement est $i.i.d.$, mais dans notre modèle, l'environnement cookie est un cas plus général que i.i.d, c'est un cas particulier du cookie stationnaire. Dans [HS12] : le modèle est la marche aléatoire en milieu aléatoire partiel, i.e. le nombre de cookies en chaque site est $m = +\infty$. L'hypothèse pour le résultat de la monotonie $\omega(y,m) = \omega(y)$ pour tout y, m est similaire à notre hypothèse que les cookies sont identiques. De plus, les auteurs ont considéré les dimensions $d = d_1 + d_0$ où $d_1 \geqslant 5, d_0 \geqslant 1$. L'environnement est constant dans d_1 coordonnées, est aléatoire dans les d_0 coordonnées restées. Dans les hypothèse de [HS12], Il existe un couplage explicite de l'environnement sur d_* coordonnées, i.e. l'environnement dépend d'une constante β. Où d_* coordonnées est contenu dans d_0 coordoonés aléatoires de l'environnment ($1 \leqslant d_* \leqslant d_0$). Si on considère $d_0 = d_* = 1$ (l'environnement est aléatoire dans la première direction e_1) et la composante de la marche dans d_1 coordonnées ($e_2, ..., e_d$) est une marche aléatoire simple symétrique sur $\mathbb{Z}^{d-1}$ (La probabilité que la marche dans $\mathbb{Z}^{d-1}$ ne bouge pas chaque site est $\frac{1}{d}$). Donc, avec les hypothèses dans [HS12], l'environnement satisfait (voir la formule (1.11) de [HS12])

$$\omega(0) = \xi \times \delta_{d-1}(0) + \delta_1(0) \times q.$$

Ici, soit E un espace de topologie, r un réel positif, on désigne $\mathcal{M}_r(E)$ un ensemble de mesures de masse r ; q est un noyau dans $\mathcal{M}_{\frac{d-1}{d}}(\mathbb{Z}^{d-1})$ tel que $q(e) = \frac{1}{2d}$ pour tout $e \in \{\pm e_2, ..., \pm e_d\}$, $\delta_i(0) \in \mathcal{M}_1(\mathbb{Z}^i)$. On a aussi ξ prend deux valeurs, $\xi = \mu_1$ avec probabilité $1 - \beta$, et $\xi = \mu_2$ avec probabilité β. Où β est une constante et $\mu_1, \mu_2 \in \mathcal{M}_{\frac{1}{d}}(\mathbb{Z})$ satisfont $\mu_1(-e_1) = \mu_2(e_1) = \frac{1}{d}$. Dans notre modèle, le cookie β prend ses valeurs dans $[0,1]$ mais il peut également prend ses valeurs dans $[-1,1]$, et nous pouvons obtenir les même résultats que dans le cas les valeur des cookies dans $[0,1]$. Alors, pour notre modèle, ξ peut prendre les valeurs dans $\mathcal{M}_{\frac{1}{d}}(\{\pm e_1\})$. Dans l'article [Hol12], le modèle considéré est le même que notre modèle quand $m = \infty$ et les cookies $\beta_k(y)$ à valeurs dans $[-1,1]$ pour tout $y \in \mathbb{Z}^d, k \in N^*$. Mais le régime de l'environnement cookie est différent. Dans notre modèle, le cookie est stationnaire et $\Delta-$échangeable. Dans le cas i.i.d, le théorème 2.3 dans [Hol12] est pour la condition qui est équivalente avec notre modèle sous la condition que : il existe un ensemble $A \subset \mathbb{N}$, $\beta_0(k) = \delta_k$ où δ_k est une constante $\in [0,1]$ pour tout $k \in A$. Dans notre travail, nous considérons la question de la monotonie dans le cas où l'environnement de cookies est dominé stochastiquement pour le cas identique. C'est à dire que nous avons répondu un cas particulier de la conjecture dans [Hol12] que la monotonie de lavitesse est vraie sous la condition domination stochastique.

1.4.2 Les résultats en petite dimension

Quand la dimension est petite ($d \leqslant 5$), les temps de coupure n'existent pas, dans ce cas, nous utilisons les temps de renouvellement et les autre approches. Soit $\{Y_n\}$ une marche aléatoire excitée de biais β, de composante horizontale $X_n = Y_n \cdot e_1$, $\{\tau_n\}$ est la suite de temps de renouvellement, N_n est le nombre de points visités jusqu'au temps n. Dans [KZ12], les remarques 4.3, 4.4, 4.11 montrent que la continuité, la différentiabilité ont été prouvée pour $d = 1$ ou $d \geqslant 8$. Ici nous prouvons les nouveaux résultats pour MAE sur la question de la continuité et de la différentiabilité.

Théorème 1.4.5. *Pour $d \geqslant 2$, soient $v_n(\beta)$ la vitesse au temps n de la MAE et et $v(\beta)$ est la vitesse de marche aléatoire excitée.*

- *La vitesse $v(\beta)$ est infiniment différentiable sur $(0,1]$ (i.e. $v(\beta) \in C^\infty((0,1])$) et*

$$\frac{\partial^k v}{\partial \beta^k}(\beta) = \lim_{n \to \infty} \frac{\partial^k v_n}{\partial \beta^k}(\beta) \text{ pour chaque } k \in \mathbb{N}, \beta > 0.$$

La dérivée s'exprime en fonction des temps de régénération :

$$\frac{\partial v}{\partial \beta}(\beta) = \frac{1}{d} \cdot \frac{\hat{\mathbb{E}}_\beta N_\tau}{\hat{\mathbb{E}}_\beta \tau} + \frac{\beta}{d} \cdot \frac{\hat{\mathbb{E}}_\beta(N_\tau V_\tau)\hat{\mathbb{E}}_\beta \tau - \hat{\mathbb{E}}_\beta N_\tau \hat{\mathbb{E}}_\beta(\tau V_\tau)}{(\hat{\mathbb{E}}_\beta \tau)^2} \text{ pour } \beta > 0, \qquad (1.4)$$

où
$$\mathcal{E}_i = X_{i+1} - X_i, \ V_n = \sum_{i=0}^{n-1} \frac{\mathcal{E}_i 1_{Y_i \notin}}{1 + \beta \mathcal{E}_i}.$$

- Pour $d = 2$ ou $d \geqslant 4$, la vitesse est différentiable en $\beta = 0$ et la dérivée en 0 est positive, et telle que
$$\lim_{\beta \to 0} \frac{v(\beta)}{\beta} = \lim_{n \to \infty} \frac{\partial v_n}{\partial \beta}(0),$$
avec
$$\lim_{n \to \infty} \frac{\partial v_n}{\partial \beta}(0) = \frac{1}{d} \lim_{n \to \infty} \frac{R_n}{n} = \frac{1}{d} R(0) > 0 \text{ pour } d \geqslant 4, \text{ et égale à 0 pour } d = 2.$$

- Pour $d = 3$ alors
$$\limsup_{\beta \to 0} \frac{v(\beta)}{\beta} \leqslant \lim_{n \to \infty} \frac{\partial v_n}{\partial \beta}(0) = \frac{1}{d} R(0).$$

Nous avons aussi quelques résultats sur la monotonie :

Théorème 1.4.6. *Soient $R(\beta)$ la limite de $\frac{R_n}{n}$, où R_n est le nombre de points visités jusqu'au temps n de la marche aléatoire simple avec dérive β et $v(m, \beta)$ la vitesse de la marche aléatoire excitée avec m cookies identiques de biais β. Alors,*

- *$R(\beta)$ est monotone en $\beta \in [0, 1]$.*

- *Pour $d \geqslant 4$, pour chaque $\beta_0 > 0$, il existe un entier $m_0 = m(\beta_0)$ assez grand tel que $v(m, \beta)$ est monotone sur $(\beta_0, 1]$ pour chaque $m \geqslant m_0$.*

1.4.3 Les difficultés et les questions ouvertes

Les limites de la méthode par temps de coupure

En utilisant les temps de coupure, nous pouvons montrer la loi des grands nombres, la monotonie de la vitesse pour des dimensions assez grandes ou pour des dérives faibles, pour un nombre de cookies assez grand, et pour des environnements qui ne sont pas indépendants (le cas stationnaire et Δ−échangeable). Tous ces cas sont proches de la marche aléatoire simple. La méthode de temps de coupure est simple. Cependant, elle ne donne pas la valeur exacte de d_0, de β_0 ou du nombre de cookies m_0 nécessaires pour obtenir la monotonie. Cette méthode est qualitative plutôt que quantitative. En fait, il n'y a pas encore d'argument général, complet comme dans le cas de la dimension 1. Dans le cas $d = 1$, on arrive à coupler deux marches aléatoires excitées en utilisant le fait que ces deux marches passent nécessairement par les mêmes points (à savoir les entiers positifs). Ceci n'est plus le cas où $d \geqslant 2$. Pour plus de détails, on pourra se reporter aux preuves dans les articles [Zer05],[KZ08],[Pet12].

Monotonie dans un voisinage du point critique $\beta = 0$.

Pour le modèle de la marche aléatoire excitée, pour prouver la monotonie de la vitesse au voisinage de 0 lorsque $2 \leqslant d \leqslant 7$, il suffit de montrer que la dérivée existe sur l'intervalle fermé $[0, 1)$, et qu'elle est continue et positive en 0. En fait, nous avons prouvé que la vitesse est infiniment différentiable pour tout $\beta > 0$ quand $d \geqslant 2$ et que la dérivée de la vitesse en 0 existe pour $d = 2$ ou $d \geqslant 4$ et elle est positive pour $d \geqslant 4$. Mais nous ne savons pas encore s'il existe si la dérivée est continue en 0. Les temps de renouvellement nous aident à prouver facilement la différentiabilité à tous les ordres pour $\beta > 0$. Mais à cause de l'inexistence de ces temps pour $\beta = 0$, la question de la différentiabilité en $\beta = 0$, est difficile. Dans les articles [GMP12],[Che97], la preuve de la différentiabilité en 0 passe par l'estimation des temps de renouvellements en β. Par ailleurs, la définition de ces temps a été changée, comme nous l'avons dit dans la section 1.3.2. Dans le théorème 1.4.5, nous avons la formule de la dérivée, exprimée en fonction des temps de renouvellement :

$$\frac{dv}{d\beta}(\beta) = \frac{1}{d} \cdot \frac{\hat{\mathbb{E}}_\beta N_\tau}{\hat{\mathbb{E}}_\beta \tau} + \frac{\beta}{d} \cdot \frac{\hat{\mathbb{E}}_\beta(N_\tau V_\tau)\hat{\mathbb{E}}_\beta \tau - \hat{\mathbb{E}}_\beta N_\tau \hat{\mathbb{E}}_\beta(\tau V_\tau)}{(\hat{\mathbb{E}}_\beta \tau)^2} \text{ pour } \beta > 0.$$

Nous avons

$$\frac{dv}{d\beta}(0) = \lim_{\beta \to 0} \frac{1}{d} \cdot \frac{\hat{\mathbb{E}}_\beta N_\tau}{\hat{\mathbb{E}}_\beta \tau}.$$

Alors, si on veut montrer la continuité de la dérivée, il faut que :

$$\lim_{\beta \to 0} \left| \frac{dv}{d\beta}(\beta) - \frac{dv}{d\beta}(0) \right| = \lim_{\beta \to 0} \frac{\beta}{d} \cdot \left| \frac{\hat{\mathbb{E}}_\beta(N_\tau V_\tau)\hat{\mathbb{E}}_\beta \tau - \hat{\mathbb{E}}_\beta N_\tau \hat{\mathbb{E}}_\beta(\tau V_\tau)}{(\hat{\mathbb{E}}_\beta \tau)^2} \right| = 0.$$

Pour cette raison, nous voulons estimer le temps de régénération τ en fonction de la dérive β. D'autre part, la vitesse au temps n est que : $v_n(\beta) = \frac{\beta}{d}\mathbb{E}_\beta\left(\frac{N_n}{n}\right)$. Prenons la dérivée, on obtient :

$$\frac{\partial v_n}{\partial \beta}(\beta) = \frac{1}{d}\mathbb{E}_\beta\left(\frac{N_n}{n}\right) + \frac{\beta}{d}\mathbb{E}_\beta\left(\frac{N_n.V_n}{n}\right).$$

Alors,

$$\limsup_{\beta \to 0} \left| \frac{\partial v}{\partial \beta}(\beta) - \frac{\partial v}{\partial \beta}(0) \right| = \limsup_{\beta \to 0} \lim_{n \to \infty} \left| \frac{\partial v_n}{\partial \beta}(\beta) - \frac{1}{d} \mathbb{E}_\beta \left(\frac{N_n}{n} \right) \right|$$

$$= \limsup_{\beta \to 0} \lim_{n \to \infty} \frac{\beta}{d} \left| \frac{Cov_\beta(N_n, V_n)}{n} \right| \leqslant \limsup_{\beta \to 0} \limsup_{n \to \infty} \frac{\beta}{d} \sqrt{\frac{Var_\beta N_n}{n}} \sqrt{\frac{Var_\beta V_n}{n}}.$$

On a

$$\frac{Var_\beta V_n}{n} = \frac{\mathbb{E}_\beta \left[\left(\sum_{i=0}^{n-1} \frac{\varepsilon_i 1_{Y_i \notin}}{1+\beta \mathcal{E}_i} \right)^2 \right]}{n} = \frac{\sum_{i=0}^{n-1} \mathbb{E}_\beta \left[\left(\frac{\varepsilon_i 1_{Y_i \notin}}{1+\beta \mathcal{E}_i} \right)^2 \right]}{n} \leqslant \frac{1}{(1-\beta)^2}.$$

On en déduit que si

$$\lim_{\beta \to 0} \limsup_{n \to \infty} \left(\beta^2 \frac{Var_\beta N_n}{n} \right) = 0$$

alors la dérivée $\frac{\partial v}{\partial \beta}(\beta)$ est continue en 0. Dans [GMP12], le temps de régénération τ satisfait l'inégalité

$$\sup_{\beta \in [0,1]} \beta^4 \widehat{\mathbb{E}}_\beta[\tau^2] < +\infty. \tag{1.5}$$

Cette inégalité est la clé pour montrer la relation d'Einstein i.e. la relation entre la diffusion à l'équilibre et la dérivée au point critique $\beta = 0$ en dimension $d \geqslant 2$. Par une autre méthode, nous avons quand même montré l'existence de la dérivée de la vitesse au point 0 pour tout $d \geqslant 2$ et $d \neq 3$, alors nous voulons aussi utiliser la méthode dans [GMP12] pour $d = 3$. On remarque que dans [MPRV12], la définition du temps τ a été un peu modifiée un peu comme nous avons dit dans la section 1.3.5.

À la suite des travaux dans la thèse, voici les questions auxquelles nous nous intéressons :

Question 1

Comment le temps τ dépend-il de β ? Avec la définition originale de τ, est-ce que l'inégalité (1.5) est encore vraie ? Est-ce qu'il existe des constantes positives C, α qui ne dépendent pas de β et qui vérifient

$$\mathbb{P}_\beta(\beta^2 \tau > n) \leqslant C.e^{-n^\alpha}$$

Sur la question de la monotonie de la vitesse, on veut une méthode qui permet de résoudre le problème pour tout $\beta \in [0, 1]$. Comme dans le cas $d = 1$, la MAE avec $m-$ cookies sur $\mathbb{Z}$ qui a la vitesse strictement croissante, ce résultat est prouvé par la corrélation entre la marche aléatoire avec cookies et un processus de branchement. D'ailleurs, dans [Aid11], la vitesse de la marche aléatoire de biais sur l'arbre de Galton-Watson est exprimée par une très belle formule qui permet de montrer la monotonie pour un régime très grand de la dérive sur $[2, \infty)$. Pour le modèle de la MAE, on veut trouver une formule de la vitesse similaire à celle de [Aid11].

Pour finir de montrer l'existence de la dérivée en 0, il reste encore le cas $d = 3$ que nous ne savons pas traiter. Une autre question est celle de la continuité de la dérivée en 0, et celle de l'existence des dérivées de tous ordres en 0.

Question 2

Pour $d = 3$, est-ce qu'il existe la dérivée en 0 i.e. $\lim_{\beta \to 0} v(\beta)/\beta$? De plus, pour chaque $k \geqslant 2$ est-ce qu'il existe $(\partial^k v/\partial \beta^k)(0)$ la dérivée d'ordre k en 0 et telle que

$$\lim_{n \to \infty} \frac{\partial^k v_n}{\partial \beta^k}(0) = \frac{\partial^k v}{\partial \beta^k}(0)?$$

Nous avons étudié la monotonie et la différentiabilité de la vitesse, et il y a une autre question intéressante qui se pose :

Question 3

Est-ce que la vitesse est une fonction convexe ? C'est à dire est-ce que la dérivée d'ordre 2 est positive ? Nous ne savons pas le traiter, même quand la dimension d est assez grande. En fait, dans [BR07], une simulation laisse penser que la vitesse est convexe pour la dimension $d = 2$.

Maintenant, lessez nous expliquons comment la thèse est organisée.

Dans le chapitre 2, d'abord, nous prouvons Théorème 1.4.1. Nous présentons la preuve pour la formule (1.3) d'une expression de la vitesse en temps de coupure. Ensuite, en utilisant Transformation de Girsanov, nous pouvons prendre la dérivée de la vitesse en paramètre β et prouvons la dérivée est positive quand d est assez grande ou β est assez petit. Dans la suite du chapitre 2, nous prouvons Théorème 1.4.3 pour MAE avec m cookies identiques déterministes. En fin, nous prouvons Théorème 1.4.4, d'abord nous considérons le cas d'un seul cookie et l'environnement de cookies est i.i.d. par site. Ensuite, nous considerons le cas de m cookies stationnaires et Δ-échangeable. Finalement, nous étudions le cas où l'environnement de cookies est i.i.d et la vistesse est déterministe.

Dans le chapitre 3, nous commencons de prouver Théorème 1.4.5 pour la différentiabilité de la vitesse de la MAE de biais β. Ensuite, nous prouvons Théorème 1.4.6. D'abord, nous présentons la preuve de la monotonie du nombre de points visités par marche aléatoire simple de biais β, après nous prouvons la monotonie de la vitesse de la MAE de biais β pour dimension $d \geqslant 4$.

Chapter 2

The proof for the results in high dimensions

2.1 Excited random walk

2.1.1 An expression for the velocity (the formular (1.3))

We begin this section by constructing the excited random walk from some independent sequences of random variables. This plays an important role to prove the monotonicity. First, we consider a simple random walk (SRW) $\{\tilde{Z}_n\}_{n\geq 0}$ on $\mathbb{Z}^{d-1}$ and three sequences of random variables $\{\eta_i\}_{i\geq 0}, \{\xi_i\}_{i\geq 0}$ and $\{\zeta_i\}_{i\geq 0}$ independent with each other, independent of $\tilde{Z}$ and having distribution

$$\eta_i \sim Ber\left(\frac{1}{d}\right); \quad \xi_i \sim Ber\left(\frac{1}{2}\right); \quad \zeta_i \sim Ber\left((\beta+1)/2\right).$$

$\{\tilde{Z}_n\}_{n\geq 0}$ will give the sequence of vertical moves of the excited random walk; $\eta_i = +1$ will mean that at time i, the excited random walk performs an horizontal move. The direction of this move is given by ξ_i when the ERW is at an already visited site, and by ζ_i otherwise. More precisely, set $A_i^k := \{\sum_{j=0}^{k-1}(1-\eta_j) = i\}$; $(0 \leq i \leq k)$. Then $\bigcup_{i=0}^k A_i^k = \Omega$ and $A_i^k \cap A_j^k = \emptyset$ for $i \neq j$. We define the vertical component Z of Y by:

$$Z_0 := 0; \quad Z_k := \tilde{Z}_{\sum_{i=0}^{k-1}(1-\eta_i)} \text{ for } k > 0.$$

We now construct the horizontal component X of Y. Set $Y_0 := 0$ and assume that $(Y_j, 0 \leq j \leq i)$ are constructed. Let us define Y_{i+1}.

- On the event "Y_i new" (not visited before time i), set $\mathcal{E}_i := (2\zeta_i - 1)\,\mathbb{1}_{\eta_i=1}$.

- On the event "Y_i old" (already visited before time i), set $\mathcal{E}_i := (2\xi_i - 1)\ \mathbb{1}_{\eta_i = 1}$.

We then set $X_{i+1} := X_i + \mathcal{E}_i$, and $Y_{i+1} := (X_{i+1}, Z_{i+1})$. With this construction, we obtain :

Lemma 2.1.1. Y is an excited random walk with bias parameter β.

Proof. For the proof of lemma 2.1.1, we need the following lemma :

Lemma 2.1.2. Let $\mathcal{F}$ and $\mathcal{G}$ be two sigma-algebras and $C \in \mathcal{F} \cap \mathcal{G}$ such that $\mathcal{F}|_C := \{A \cap C$ with $A \in \mathcal{F}\} \subset \mathcal{G}$. For any integrable random variable V, we get

$$\mathbb{E}(V 1_C | \mathcal{F}) = \mathbb{E}\left[\mathbb{E}(V 1_C | \mathcal{G}) | \mathcal{F}\right].$$

The proof of Lemma 2.1.2 is easy. Now, we return to the proof of Lemma 2.1.1. Set

$$\mathcal{F}_k^Y := \sigma(Y_j, 0 \leqslant j \leqslant k)$$
$$\mathcal{F}_k := \sigma(Z_j, 0 \leqslant j \leqslant k; \zeta_j, \xi_j, \eta_j, \ 0 \leqslant j \leqslant k-1)$$
$$\mathcal{G}_{ki} := \sigma(\tilde{Z}_j, 0 \leqslant j \leqslant i; \zeta_j, \xi_j, \eta_j, \ 0 \leqslant j \leqslant k-1)$$

It is clear that $\mathcal{F}_k^Y \subset \mathcal{F}_k$ and $A_i^k \in \mathcal{F}_k \cap \mathcal{G}_{ki}$. Moreover, $\mathcal{F}_k|_{A_i^k} \subset \mathcal{G}_{ki}$. Now, using Lemma 2.1.2, we have for $j \geqslant 2$,

$$\mathbb{P}(Y_{k+1} - Y_k = \pm e_j | \mathcal{F}_k^Y)$$
$$= \sum_{i=0}^{k} \mathbb{P}\left(\tilde{Z}_{i+1} - \tilde{Z}_i = \pm e_j, A_i^k, \eta_k = 0 | \mathcal{F}_k^Y\right)$$
$$= \sum_{i=0}^{k} \mathbb{P}\left[\mathbb{P}\left(\tilde{Z}_{i+1} - \tilde{Z}_i = \pm e_j, A_i^k, \eta_k = 0 | \mathcal{F}_k\right) | \mathcal{F}_k^Y\right]$$
$$= \sum_{i=0}^{k} \mathbb{P}\left[\mathbb{P}\left(\tilde{Z}_{i+1} - \tilde{Z}_i = \pm e_j, A_i^k, \eta_k = 0 | \mathcal{G}_{ki}\right) | \mathcal{F}_k^Y\right]$$
$$= \sum_{i=0}^{k} \mathbb{P}(\tilde{Z}_{i+1} - \tilde{Z}_i = \pm e_j) \mathbb{P}(\eta_k = 0) \mathbb{P}(A_i^k | \mathcal{F}_k^Y)$$
$$= \mathbb{P}(\tilde{Z}_{i+1} - \tilde{Z}_i = \pm e_j) \mathbb{P}(\eta_k = 0) = \frac{1}{2(d-1)} \cdot \left(1 - \frac{1}{d}\right) = \frac{1}{2d}.$$

For the case $e_j = e_1$, on the event "Y_k new",

$$\mathbb{P}(Y_{k+1} - Y_k = +e_1 | \mathcal{F}_k^Y) = \mathbb{P}(\eta_k = 1, \mathcal{E}_k = 1 | \mathcal{F}_k^Y) = \mathbb{P}(\eta_k = 1, \zeta_k = 1) = \frac{1}{d} \cdot \frac{1+\beta}{2} = \frac{1+\beta}{2d}.$$

The cases $e_j = -e_1$ and Y_k old are treated similarly. Lemma 2.1.1 is now proved. □

Next, we give another construction of the ERW, on which we obtain an ergodic dynamical system leading to the formular 1.3. We begin with

$$\Omega := \left(\mathbb{Z}^{d-1}\right)^{\mathbb{Z}} \times \{0,1\}^{\mathbb{Z}} \times \{0,1\}^{\mathbb{Z}}.$$

Let q be the probability on $\mathbb{Z}^{d-1}$ such that $q(e) = \frac{1}{2d}$ for all $|e| = 1$ and $q(0) = \frac{1}{d}$. Let p_1 and p_2 be the probabilities on $\{0,1\}$ such that $p_1(1) = p_1(0) = \frac{1}{2}$ and $p_2(1) = (1+\beta)/2$, $p_2(0) = (1-\beta)/2$. We define the probability $\mathbb{P}$ on Ω by

$$\mathbb{P} := q^{\otimes \mathbb{Z}} \otimes p_1^{\otimes \mathbb{Z}} \otimes p_2^{\otimes \mathbb{Z}}.$$

Now, we take $\omega = (w, u, l) \in \Omega$ with $w \in \left(\mathbb{Z}^{d-1}\right)^{\mathbb{Z}}$, $u \in \{0,1\}^{\mathbb{Z}}$, $l \in \{0,1\}^{\mathbb{Z}}$. For $k \in \mathbb{Z}$, let $\zeta_k, \xi_k : \Omega \to \{0;1\}$ and $I_k : \Omega \to \mathbb{Z}^{d-1}$ be such that $I_k(\omega) := w_k$, $\zeta_k(\omega) = u_k$, $\xi_k(\omega) := l_k$. Next, we define $Z_k : \Omega \to \mathbb{Z}^{d-1}$ and $\eta_k : \Omega \to \{0,1\}$ by

$$Z_k = \begin{cases} I_1 + \ldots + I_k & \text{if } k > 0, \\ 0 & \text{if } k = 0, \\ -(I_{k+1} + \ldots + I_0) & \text{if } k < 0. \end{cases} \quad \eta_k := 1_{Z_k = Z_{k+1}}.$$

From the sequences $(Z_k)_{k \in \mathbb{Z}}$, $(\eta_k)_{k \in \mathbb{Z}}$, $(\xi_k)_{k \in \mathbb{Z}}$, $(\zeta_k)_{k \in \mathbb{Z}}$, we can construct the ERW $(Y_n)_{n \geqslant 0}$ just as in the first construction. We also define the sequence $(\tilde{Z}_k)_{k \in \mathbb{Z}}$ as the sequence of "moves" of Z. More precisely, $(\tilde{Z}_k)_{k \in \mathbb{Z}}$ is the unique sequence such that :

$$\forall n \geqslant 0, \quad Z_n = \begin{cases} \tilde{Z}_{\sum_{i=0}^{n-1}(1-\eta_i)} & \text{if } n \geqslant 0; \\ \tilde{Z}_{\sum_{i=n}^{-1}(1-\eta_i)} & \text{if } n < 0. \end{cases} \quad (2.1)$$

Now, set $\mathcal{D} := \{n \in \mathbb{Z} \text{ such that } Z_{(-\infty,n)} \cap Z_{[n,+\infty)} = \emptyset\}$ to be the set of cut times of Z and similarly let $\tilde{\mathcal{D}}$ be the set of cut times of $\tilde{Z}$. The sequence of cut times of Z is then defined by induction :

$$T_1 := \inf\{n > 0 \text{ such that } n \in \mathcal{D}\},$$
$$T_{i+1} := \inf\{n > T_i \text{ such that } n \in \mathcal{D}\}, \text{ for } i \geqslant 1,$$
$$T_{i-1} := \sup\{n < T_i \text{ such that } n \in \mathcal{D}\}, \text{ for } i \leqslant 1.$$

By construction, $T_0 \leqslant 0 < T_1$ and we set $T := T_1$. We define similarly $\tilde{T}_i$ and $\tilde{T}$ for $\tilde{Z}$. Observe that the laws of T and $\tilde{T}$ do not depend on β, since they depend only on Z and $\tilde{Z}$. Moreover, it follows from (2.1) that

$$\tilde{T} = \sum_{i=0}^{T-1}(1-\eta_i), \text{ and } \{T > k\} = \left\{\tilde{T} > \sum_{i=0}^{k-1}(1-\eta_i)\right\}. \qquad (2.2)$$

We denote by $(\theta_k)_{k \in \mathbb{Z}}$ the canonical shift on Ω (i.e $\theta_k(\omega.) = (\omega_{k+.})$) and $\theta := \theta_1$, so that $\theta_k := \theta \circ \ldots \circ \theta = \theta^k$. $(\Omega, \mathbb{P}, \theta)$ is an ergodic dynamical system. We define now another ergodic dynamical system. To this end, we consider $W := \{\omega \in \Omega \,; \forall j\,, T_j(\omega) < \infty\}$. E. Bolthausen, A-S. Sznitman & O.Zeitouni [BSZ03] proved that $\mathbb{P}(W) = 1$ and $\mathbb{P}(0 \in \mathcal{D}) > 0$ for $d - 1 \geqslant 5$. On W, we set $\hat{\theta}_k(\omega) := \theta_{T_k(\omega)}(\omega)$ and $\hat{\theta} = \hat{\theta}_1$. Let $\hat{\mathbb{P}} := \mathbb{P}(.|0 \in \mathcal{D})$ be the Palm mesure. Since $\theta_k(W) \subset W$, $\hat{\theta}_k(W) \subset W$ and we get :

Lemma 2.1.3. *The triple $(W, \hat{\mathbb{P}}, \hat{\theta})$ is an ergodic dynamical system for $d - 1 \geqslant 5$.*

Proof. The idea of the proof comes from the paper of E. Bolthausen, A-S. Sznitman & O. Zeitouni [BSZ03].

First, we prove that $\hat{\mathbb{P}}$ is invariant under $\hat{\theta}$. Take any set $A \subset W$. Without loss of generality, suppose that $A \subset (0 \in \mathcal{D})$, then we have :

$$\hat{\theta} \circ \hat{\mathbb{P}}(A) = \hat{\mathbb{P}}\left(\hat{\theta}^{-1}A\right) = \frac{\mathbb{P}\left(\theta_{T_1}^{-1}A, 0 \in \mathcal{D}\right)}{\mathbb{P}(0 \in \mathcal{D})}$$

$$= \sum_{k \geqslant 1} \frac{\mathbb{P}\left(\theta_k^{-1}A, T_1 = k, 0 \in \mathcal{D}\right)}{\mathbb{P}(0 \in \mathcal{D})}$$

$$= \sum_{k \geqslant 1} \frac{\mathbb{P}\left(A, T_{-1} = -k, 0 \in \mathcal{D}\right)}{\mathbb{P}(0 \in \mathcal{D})}$$

$$= \frac{\mathbb{P}(A)}{\mathbb{P}(0 \in \mathcal{D})} = \hat{\mathbb{P}}(A).$$

Next, we prove that for any set $A \subset W$ such that $\hat{\theta}^{-1}A = A$ then $\hat{\mathbb{P}}(A) = 0$ or 1. Indeed, set $\hat{\Omega} := (0 \in \mathcal{D})$ and $B := A \cap \hat{\Omega} \subset W$. Note that $\hat{\theta}^{-1}(\hat{\Omega}) = W$, so that $\hat{\theta}^{-1}A = \hat{\theta}^{-1}B$. This in turn implies that $\hat{\theta}^{-1}B \cap \hat{\Omega} = \hat{\theta}^{-1}A \cap \hat{\Omega} = A \cap \hat{\Omega} = B$.

We will prove that $\theta_1\left[\hat{\theta}^{-1}B\right] = \hat{\theta}^{-1}B$. Using the ergodicity of $(\Omega, \mathbb{P}, \theta)$, it follows that $\mathbb{P}\left(\hat{\theta}^{-1}B\right) = 0$ or 1, and

$$\hat{\mathbb{P}}(A) = \hat{\mathbb{P}}(\hat{\theta}^{-1}A) = \hat{\mathbb{P}}(\hat{\theta}^{-1}B) = \frac{\mathbb{P}\left(\hat{\theta}^{-1}B \cap \hat{\Omega}\right)}{\mathbb{P}(\hat{\Omega})} = 0 \text{ or } 1.$$

So, to finish the proof we only need to prove that $\theta_1\left[\hat{\theta}^{-1}B\right] = \hat{\theta}^{-1}B$.

Firstly, we show that $\theta_1 \left[\hat{\theta}^{-1} B\right] \subset \hat{\theta}^{-1} B$. Take $x \in \hat{\theta}^{-1} B$. Then $\hat{\theta} x \in B$. If $T_1(x) > 1$, then $\hat{\theta}(\theta_1 x) = \hat{\theta} x \in B$ whence $\theta_1 x \in \hat{\theta}^{-1} B$. If $T_1(x) = 1$, then $\theta_1 x = \hat{\theta} x \in B = \hat{\theta}^{-1} B \cap \hat{\Omega}$, this implies that $\theta_1 x \in \hat{\theta}^{-1} B$.

It remains to prove that $\hat{\theta}^{-1} B \subset \theta_1 \left[\hat{\theta}^{-1} B\right]$. Take $x \in \hat{\theta}^{-1} B$ then $x = \theta_1 (\theta_{-1} x)$ and we will prove that $\theta_{-1} x \in \hat{\theta}^{-1} B \Leftrightarrow \hat{\theta}(\theta_{-1} x) \in B$. If $x \in \hat{\Omega}$, then $\hat{\theta}(\theta_{-1} x) = x \in \hat{\theta}^{-1} B \cap \hat{\Omega} = B$. If $x \notin \hat{\Omega}$, then $\hat{\theta}(\theta_{-1} x) = \hat{\theta} x \in B$. □

Lemma 2.1.4. *For $d \geqslant 6$, there exists $v(\beta) > 0$ such that a.s., $\lim_{n \to \infty} n^{-1} X_n = v(\beta)$ and we have the following formular :*

$$v(\beta) = \frac{\mathbb{E}_\beta (X_T | 0 \in \mathcal{D})}{\mathbb{E}_\beta (T | 0 \in \mathcal{D})}. \tag{2.3}$$

Proof. Using the ergodicity of $(\Omega, \mathbb{P}, \theta)$, $v = \lim_{n \to \infty} \frac{X_n}{n}$ exists $\mathbb{P}$ a.s. This is therefore also true $\hat{\mathbb{P}}$-a.s. On the other hand, it is proved in [BSZ03] that T_1 is $\hat{\mathbb{P}}$-integrable for $d \geqslant 6$ (with $\hat{\mathbb{E}} | T_1 | = \frac{1}{\mathbb{P}(0 \in \mathcal{D})}$). Using the ergodicity of $(W, \hat{\mathbb{P}}, \hat{\theta})$, $\hat{\mathbb{P}}$-a.s., $\frac{T_k}{k} \to \hat{\mathbb{E}}(T_1) > 0$, so that $\hat{\mathbb{P}}$-a.s., $T_k \to +\infty$. Therefore $\hat{\mathbb{P}}$-a.s., $v = \lim_{k \to \infty} \frac{X_{T_k}}{T_k} = \lim_{k \to \infty} \frac{X_{T_k}}{k} \cdot \frac{k}{T_k}$. But $\frac{k}{T_k} \to \frac{1}{\hat{\mathbb{E}}(T_1)}$ and we also have

$$X_{T_{k+1}} - X_{T_k} = X_{T_1} \circ \hat{\theta}_k.$$

Note that $\hat{\mathbb{E}}(|X_{T_1}|) \leqslant \hat{\mathbb{E}}(T_1) = \frac{1}{\mathbb{P}(0 \in \mathcal{D})} < +\infty$ for $d \geqslant 6$. Then,

$$\frac{X_{T_k}}{k} = \frac{\sum_{i=0}^{k-1} X_{T_1} \circ \hat{\theta}_i}{k} \to \hat{\mathbb{E}}(X_{T_1}), \hat{\mathbb{P}} - as.$$

This finishes the proof of lemma 2.1.4. □

Exactly in the same way, we can prove (see lemma 1.1 of [BSZ03]) that that when f is a $\mathbb{P}$-integrable function,

$$\int f d\mathbb{P} = \frac{\int \sum_{k=0}^{T-1} f \circ \theta_k \, d\hat{\mathbb{P}}}{\int T d\hat{\mathbb{P}}}. \tag{2.4}$$

A simple instance of this formular is to take $f = \mathbb{1}_{0 \in \mathcal{D}}$, so that $\sum_{k=0}^{T-1} f \circ \theta_k = 1$, leading to $\mathbb{P}(0 \in \mathcal{D}) = \hat{\mathbb{E}}(T)^{-1}$.

2.1.2 Girsanov transform

This section is devoted to the Girsanov transformation connecting $\mathbb{P}_\beta$ and $\mathbb{P}_0$. We begin by introducing several σ-algebras. For $n \in \mathbb{Z}$, let $\mathcal{F}_n^Z = \sigma(Z_k, k \leqslant n)$. For $n \geqslant 0$, let $\mathcal{F}_n^Y = \sigma(Y_k, 0 \leqslant$

$k \leqslant n$), $\mathcal{F}_n = \mathcal{F}_n^Z \vee \mathcal{F}_n^Y = \mathcal{F}_{-1}^Z \vee \mathcal{F}_n^Y$, and $\mathcal{G}_n = \mathcal{F}_n^Y \vee \sigma(Z_k, k \in \mathbb{Z})$. We get $\mathcal{F}_n \subset \mathcal{G}_n$. Moreover T is not a $(\mathcal{F}_n)$-stopping time, but is obviously a $(\mathcal{G}_n)$-stopping time, so that we can define the σ-algebra $\mathcal{G}_T$ of the events prior to T. Remind that $\mathcal{E}_j = (Y_{j+1} - Y_j).e_1$ and define for $n \geqslant 0$, and $\beta \in [0,1]$

$$M_n(\beta) = \prod_{j=0}^{n-1} \left[1 + \mathcal{E}_j \beta 1_{Y_j \notin \{Y_0, \ldots Y_{j-1}\}}\right],$$

where the convention $\{Y_0, \ldots, Y_{-1}\} = \emptyset$ is used.

Lemma 2.1.5. *For any $\beta \in [0,1[$, $d \geqslant 6$, $n \geqslant 0$,*

$$M_n(\beta) = \frac{d\mathbb{P}_\beta|_{\mathcal{F}_n}}{d\mathbb{P}_0|_{\mathcal{F}_n}}\,;\ M_n(\beta) = \frac{d\mathbb{P}_\beta|_{\mathcal{G}_n}}{d\mathbb{P}_0|_{\mathcal{G}_n}}\,;\ M_T(\beta) = \frac{d\mathbb{P}_\beta|_{\mathcal{G}_T}}{d\mathbb{P}_0|_{\mathcal{G}_T}}.$$

Proof. Since $\mathcal{F}_n \subset \mathcal{G}_n$, $M_n(\beta)$ is $\mathcal{F}_n$-measurable, and T is a finite $(\mathcal{G}_n)$-stopping time, it is enough to prove that $M_n(\beta) = \frac{d\mathbb{P}_\beta|_{\mathcal{G}_n}}{d\mathbb{P}_0|_{\mathcal{G}_n}}$. Let $A \in \mathcal{F}_{-1}^Z$, $y_1, \cdots, y_n \in (\mathbb{Z}^d)^n$, and $B \in \sigma(Z_{n+k} - Z_n, k \geqslant 0)$ be fixed. $(Z_{n+\cdot} - Z_n)$ being independent with $\mathcal{F}_n$, we get :

$$\mathbb{P}_\beta(A; Y_0 = 0; Y_1 = y_1; \cdots, Y_n = y_n; B) = \mathbb{P}_\beta(A; Y_0 = 0; Y_1 = y_1; \cdots, Y_n = y_n)\mathbb{P}_\beta(B)$$

Note that the law of Z does not depend on β, so that $\mathbb{P}_\beta(B) = \mathbb{P}_0(B)$. Now by definition of the excited random walk,

$$\mathbb{P}_\beta[Y_n = y_n \,|A; Y_0 = 0; Y_1 = y_1; \cdots, Y_{n-1} = y_{n-1}] = \frac{1}{2d}\left[1 + \varepsilon_{n-1}\beta 1_{y_{n-1} \notin \{y_0, \ldots y_{n-2}\}}\right],$$

where $\varepsilon_{n-1} = (y_n - y_{n-1}).e_1$. Then we get by induction that for any $\beta \in [0,1]$,

$$\mathbb{P}_\beta[A; Y_0 = 0; Y_1 = y_1; \cdots, Y_n = y_n] = \left(\frac{1}{2d}\right)^n \prod_{j=0}^{n-1}\left[1 + \varepsilon_j\beta 1_{y_j \notin \{y_0, \ldots y_{j-1}\}}\right]\mathbb{P}_\beta[A]$$

$$= \left(\frac{1}{2d}\right)^n \prod_{j=0}^{n-1}\left[1 + \varepsilon_j\beta 1_{y_j \notin \{y_0, \ldots y_{j-1}\}}\right]\mathbb{P}_0[A],$$

where the last equality comes from the fact that $A \in \mathcal{F}_{-1}^Z$. Hence,

$$\frac{\mathbb{P}_\beta[A; Y_0 = 0; Y_1 = y_1; \cdots; Y_n = y_n; B]}{\mathbb{P}_0[A; Y_0 = 0; Y_1 = y_1; \cdots; Y_n = y_n; B]} = \prod_{j=0}^{n-1}\left[1 + \varepsilon_j\beta 1_{y_j \notin \{y_0, \ldots y_{j-1}\}}\right].$$

We have just proved that for all $A \in \mathcal{F}_{-1}^Z$, $y_1, \cdots, y_n \in (\mathbb{Z}^d)^n$, and $B \in \sigma(Z_{n+k} - Z_n, k \geqslant 0)$,

$$\mathbb{P}_\beta[A; Y_0 = 0; Y_1 = y_1; \cdots; Y_n = y_n; B] = \mathbb{E}_0[1_A 1_{Y_0=0; Y_1=y_1;\cdots;Y_n=y_n} 1_B M_n(\beta)]$$

The result follows since $\mathcal{G}_n = \mathcal{F}_{-1}^Z \vee \mathcal{F}_n^Y \vee \sigma(Z_{n+k} - Z_n, k \geqslant 0)$. □

2.1.3 Differentiability of the speed.

This section is devoted to the proof of point 1. in Theorem 1.4.1. We begin by giving another expression of the numerator in (2.3).

Lemma 2.1.6. *For* $n \geq 1$, *set* $N_n := d\sum_{j=0}^{n-1} 1_{Y_j \notin \{Y_0,\ldots,Y_{j-1}\}} 1_{Z_j = Z_{j+1}}$. *Then,*

$$\mathbb{E}_\beta(X_T 1_{0 \in \mathcal{D}}) = \frac{\beta}{d}\mathbb{E}_\beta(N_T 1_{0 \in \mathcal{D}}) = \frac{\beta}{d}\mathbb{E}_0\left(N_T 1_{0 \in \mathcal{D}} M_T(\beta)\right). \qquad (2.5)$$

Proof. Observe that

$$\mathbb{P}_\beta[\mathcal{E}_j = \pm 1 | \mathcal{G}_j] = \frac{1 \pm \beta}{2} 1_{Y_j \notin \{Y_0,\ldots,Y_{j-1}\}} 1_{Z_j = Z_{j+1}} + \frac{1}{2} 1_{Y_j \in \{Y_0,\ldots,Y_{j-1}\}} 1_{Z_j = Z_{j+1}}$$

$$= \left(\frac{1}{2} \pm \frac{\beta}{2} 1_{Y_j \notin \{Y_0,\ldots,Y_{j-1}\}}\right) 1_{Z_j = Z_{j+1}}. \qquad (2.6)$$

Hence,

$$\mathbb{E}_\beta(X_T 1_{0 \in \mathcal{D}}) = \mathbb{E}_\beta\left(\sum_{j=0}^{T-1} \mathcal{E}_j 1_{0 \in \mathcal{D}}\right) = \mathbb{E}_\beta\left(\sum_{j=0}^{+\infty} \mathcal{E}_j 1_{T>j} 1_{0 \in \mathcal{D}}\right) = \sum_{j=0}^{+\infty} \mathbb{E}_\beta(\mathcal{E}_j 1_{T>j} 1_{0 \in \mathcal{D}}),$$

where the last equality follows from the integrability of T w.r.t $\hat{\mathbb{P}}$ for $d \geq 6$. Note that $\{0 \in \mathcal{D}\}$ and $\{T > j\}$ belong to $\mathcal{G}_j$. Therefore,

$$\mathbb{E}_\beta(\mathcal{E}_j 1_{T>j} 1_{0 \in \mathcal{D}}) = \mathbb{E}_\beta\left[1_{T>j} 1_{0 \in \mathcal{D}} \mathbb{P}_\beta(\mathcal{E}_j = 1 | \mathcal{G}_j)\right] - \mathbb{E}_\beta\left[1_{T>j} 1_{0 \in \mathcal{D}} \mathbb{P}_\beta(\mathcal{E}_j = -1 | \mathcal{G}_j)\right]$$

$$= \beta \mathbb{E}_\beta\left[1_{T>j} 1_{0 \in \mathcal{D}} 1_{Y_j \notin \{Y_0,\ldots,Y_{j-1}\}} 1_{Z_j = Z_{j+1}}\right]$$

Thus,

$$\mathbb{E}_\beta(X_T 1_{0 \in \mathcal{D}}) = \beta \sum_{j=0}^{+\infty} \mathbb{E}_\beta\left[1_{T>j} 1_{0 \in \mathcal{D}} 1_{Y_j \notin \{Y_0,\ldots,Y_{j-1}\}} 1_{Z_j = Z_{j+1}}\right]$$

$$= \beta \mathbb{E}_\beta\left[\sum_{j=0}^{T-1} 1_{Y_j \notin \{Y_0,\ldots,Y_{j-1}\}} 1_{Z_j = Z_{j+1}} 1_{0 \in \mathcal{D}}\right]$$

$$= \frac{\beta}{d} \mathbb{E}_\beta(N_T 1_{0 \in \mathcal{D}}).$$

This proves the first equality. The second one follows from the fact that N_T is $\mathcal{G}_T$-measurable, $\{0 \in \mathcal{D}\} \in \mathcal{G}_T$, and Lemma 2.1.5. $\square$

We turn now to the derivative of the speed $v(\beta)$ w.r.t β. We start from (2.3). Since T and $1_{0\in\mathcal{D}}$ are $\sigma(Z)$-measurable, the denominator in (2.3) does not depend on β, and

$$v(\beta) = \frac{\mathbb{E}_\beta(X_T 1_{0\in\mathcal{D}})}{\mathbb{E}_0(T 1_{0\in\mathcal{D}})}. \tag{2.7}$$

Point 1. is then a consequence of the following lemma:

Lemma 2.1.7. *For $d \geqslant 8$, the function $\beta \in [0, 1[\mapsto \mathbb{E}_\beta(X_T 1_{0\in\mathcal{D}})$ is differentiable and,*

$$\frac{d}{d\beta}(\mathbb{E}_\beta(X_T 1_{0\in\mathcal{D}})) = \frac{1}{d}\mathbb{E}_\beta(N_T 1_{0\in\mathcal{D}}) + \frac{\beta}{d}\mathbb{E}_\beta\left[N_T 1_{0\in\mathcal{D}} \sum_{j=0}^{T-1} \frac{\mathcal{E}_j}{1+\beta\mathcal{E}_j} 1_{Y_j \notin \{Y_0,\dots Y_{j-1}\}} 1_{Z_j = Z_{j+1}}\right]. \tag{2.8}$$

Proof. Set

$$V_T(\beta) := \frac{d}{d\beta}(N_T 1_{0\in\mathcal{D}} M_T)(\beta) = N_T 1_{0\in\mathcal{D}} \left(\sum_{j=0}^{T-1} \frac{\mathcal{E}_j}{1+\beta\mathcal{E}_j} 1_{Y_j \notin \{Y_0,\dots Y_{j-1}\}} 1_{Z_j = Z_{j+1}}\right) M_T(\beta). \tag{2.9}$$

We have

$$\mathbb{E}_0\left(N_T 1_{0\in\mathcal{D}} M_T(\beta)\right) = \mathbb{E}_0(N_T 1_{0\in\mathcal{D}}) + \mathbb{E}_0\left[\int_0^\beta V_T(x)dx\right]. \tag{2.10}$$

Since $N_T \leqslant dT$ and $\left|\frac{\mathcal{E}_j}{1+x\mathcal{E}_j}\right| \leqslant \frac{1}{1-\beta}, \forall x \leqslant \beta$, we get

$$\int_0^\beta \mathbb{E}_0|V_T(x)|dx \leqslant \frac{d}{1-\beta}\int_0^\beta \mathbb{E}_0(T^2 1_{0\in\mathcal{D}} M_T(x))dx$$

$$= \frac{d}{1-\beta}\int_0^\beta \mathbb{E}_x(T^2 1_{0\in\mathcal{D}})dx = \frac{d}{1-\beta}\int_0^\beta \mathbb{E}_0(T^2 1_{0\in\mathcal{D}})dx, \text{ since } T \text{ and } \{0 \in \mathcal{D}\} \text{ belong to } \sigma(Z)$$

$$= \frac{d\beta}{1-\beta}\hat{\mathbb{E}}_0(T^2)\mathbb{P}_0(0 \in \mathcal{D})$$

It follows from Lemma 2.1.9, whose statement and proof are postponed to the end of the section, that $\hat{\mathbb{E}}_0(T^2) < +\infty$ for $d \geqslant 8$. Fubini's theorem leads then to

$$\mathbb{E}_0\left(N_T 1_{0\in\mathcal{D}} M_T(\beta)\right) = \mathbb{E}_0(N_T 1_{0\in\mathcal{D}}) + \int_0^\beta \mathbb{E}_0(V_T(x))dx.$$

Now, we prove that $\mathbb{E}_0(V_T(x))$ is continuous in $x \in [0, 1)$. To this end, we recall some general result about uniform integrability of positive random variables (see for instance Theorem 5 page 189 in Shiryaev [Shi96]).

Lemma 2.1.8. *Let J be an compact interval of $\mathbb{R}$, and $(X(\beta), \beta \in J)$ be a family of positive integrable random variables. Assume that $\{X(\beta)\}_{\beta \in J}$ is a.s. continuous in β. Then, the function $\varphi(\beta) = \mathbb{E}[X(\beta)]$ is continuous in β if only if the familly $\{X(\beta)\}_{\beta \in J}$ is uniformly integrable.*

Observe that
$$|V_T(x)| \leqslant \frac{d}{1-x} T^2 M_T(x) 1_{0 \in \mathcal{D}}. \tag{2.11}$$

For $x_0 \in [0,1]$, we have :

1. $\lim_{x \to x_0} T^2 M_T(x) 1_{0 \in \mathcal{D}} = T^2 M_T(x_0) 1_{0 \in \mathcal{D}}$ a.s.,

2. $T^2 M_T(x) 1_{0 \in \mathcal{D}} \geqslant 0$,

3. $\forall x, \mathbb{E}_0(T^2 M_T(x) 1_{0 \in \mathcal{D}}) = \mathbb{E}_x(T^2 1_{0 \in \mathcal{D}}) = \mathbb{E}_0(T^2 1_{0 \in \mathcal{D}}) < +\infty$, since $\hat{\mathbb{E}}_0(T^2) < +\infty$ for $d \geqslant 8$.

It follows then from Lemma 2.1.8 that the family $(T^2 M_T(x) 1_{0 \in \mathcal{D}}, x \in [0,1])$ is uniformly integrable. By (2.11), this is also true for the family $\{V_T(x)\}_{x \to x_0}$ in a neighborhood of $x_0 \in [0;1[$. Therefore, we obtain,
$$\lim_{x \to x_0} \mathbb{E}_0(V_T(x)) = \mathbb{E}_0(V_T(x_0)) \text{ i.e } \mathbb{E}_0(V_T(x)) \text{ is continuous.}$$

Then, we get
$$\frac{d}{d\beta}\mathbb{E}_0(N_T 1_{0 \in \mathcal{D}} M_T(\beta)) = \frac{d}{d\beta} \int_0^\beta \mathbb{E}_0(V_T(x))dx = \mathbb{E}_0(V_T(\beta)).$$

Therefore taking the derivative w.r.t β in (2.5) , we obtain
$$\frac{d}{d\beta}\mathbb{E}_\beta(X_T 1_{0 \in \mathcal{D}}) = \frac{1}{d}\mathbb{E}_\beta(N_T 1_{0 \in \mathcal{D}}) + \frac{\beta}{d}\mathbb{E}_\beta\left[N_T 1_{0 \in \mathcal{D}} \sum_{j=0}^{T-1} \frac{\mathcal{E}_j}{1+\beta\mathcal{E}_j} 1_{Y_j \notin \{Y_0,\ldots Y_{j-1}\}} 1_{Z_j = Z_{j+1}}\right].$$

□

2.1.4 Monotonicity of the speed.

We focus now on the proof of point 2. in Theorem 1.1, and we use (2.8) to study the sign of the derivative of $v(\beta)$.

Since $T \geqslant 1$, $N_T \geqslant N_1 = d 1_{Z_0 = Z_1}$. We remind the reader that $\tilde{Z}$ is defined as the walk Z when it moves, and $\tilde{\mathcal{D}}$ denotes the cut times of $\tilde{Z}$. Then,

$$\mathbb{E}_\beta(N_T 1_{0 \in \mathcal{D}}) \geqslant d\mathbb{P}(Z_0 = Z_1;\ 0 \in \mathcal{D}) = d\mathbb{P}(\eta_0 = 1; \eta_{-1} = 0;\ 0 \in \tilde{\mathcal{D}})$$
$$= \frac{d-1}{d}\mathbb{P}(0 \in \tilde{\mathcal{D}}) = \mathbb{P}(0 \in \mathcal{D}).$$

We focus now on the second expectation in (2.8). It is equal to

$$d\mathbb{E}_\beta \left[\sum_{0 \leqslant j, k < T} \frac{\mathcal{E}_j}{1 + \beta \mathcal{E}_j} 1_{Y_j \notin \{Y_0, \ldots Y_{j-1}\}} 1_{Z_j = Z_{j+1}} 1_{Y_k \notin \{Y_0, \ldots Y_{k-1}\}} 1_{Z_k = Z_{k+1}} 1_{0 \in \mathcal{D}} \right].$$

Note that for $j \geqslant k$:

$$\mathbb{E}_\beta \left[1_{T > j} 1_{0 \in \mathcal{D}} 1_{Y_j \notin \{Y_0, \ldots Y_{j-1}\}} 1_{Z_j = Z_{j+1}} 1_{Y_k \notin \{Y_0, \ldots Y_{k-1}\}} 1_{Z_k = Z_{k+1}} \right.$$
$$\left. \mathbb{E}_\beta \left(\frac{\mathcal{E}_j}{1 + \beta \mathcal{E}_j} \middle| \sigma(Z; Y_0, \ldots, Y_j) \right) \right] = 0 \text{ (by (2.6))}. \quad (2.12)$$

Hence, using the fact that $\frac{\mathcal{E}_j}{1+\beta\mathcal{E}_j} \geqslant -\frac{1}{1-\beta}$, we get

$$\mathbb{E}_\beta \left[N_T 1_{0 \in \mathcal{D}} \sum_{j=0}^{T-1} \frac{\mathcal{E}_j}{1+\beta\mathcal{E}_j} 1_{Y_j \notin \{Y_0, \ldots Y_{j-1}\}} 1_{Z_j = Z_{j+1}} \right]$$
$$= d\mathbb{E}_\beta \left[\sum_{0 \leqslant j < k < T} \frac{\mathcal{E}_j}{1+\beta\mathcal{E}_j} 1_{Y_j \notin \{Y_0, \ldots Y_{j-1}\}} 1_{Z_j = Z_{j+1}} 1_{Y_k \notin \{Y_0, \ldots Y_{k-1}\}} 1_{Z_k = Z_{k+1}} 1_{0 \in \mathcal{D}} \right]$$
$$\geqslant -\frac{d}{1-\beta} \sum_{k=1}^{+\infty} \mathbb{E}_\beta \left[\sum_{0 \leqslant j < k} 1_{\mathcal{E}_j = -1} 1_{Y_j \notin \{Y_0, \ldots Y_{j-1}\}} 1_{Z_k = Z_{k+1}} 1_{0 \in \mathcal{D}} 1_{T > k} \right]$$
$$\geqslant -\frac{d}{1-\beta} \sum_{k=1}^{+\infty} \mathbb{E}_\beta \left[\sum_{0 \leqslant j < k} 1_{\eta_j = 1, \zeta_j = 0} 1_{\eta_k = 1} 1_{T > k} 1_{0 \in \mathcal{D}} \right]$$
$$\geqslant -\frac{d}{1-\beta} \sum_{k=1}^{+\infty} \sum_{0 \leqslant j < k} \mathbb{E}_\beta \left[1_{\eta_j = 1, \zeta_j = 0} 1_{\eta_k = 1} 1_{\sum_{0 \leqslant i < k, i \neq j}(1-\eta_i) < \tilde{T}} 1_{\eta_{-1} = 0} 1_{0 \in \tilde{\mathcal{D}}} \right]$$
$$= -\frac{d}{1-\beta} \frac{1}{d} \frac{1-\beta}{2d} \sum_{k=1}^{+\infty} k\mathbb{P} \left[\sum_{0 \leqslant i < k-1}(1-\eta_i) < \tilde{T}, \eta_{-1} = 0, 0 \in \tilde{\mathcal{D}} \right]$$
$$= -\frac{1}{2d} \sum_{k=1}^{+\infty} k\mathbb{P}[T > k-1, 0 \in \mathcal{D}]\ (\text{by (2.2)})$$
$$= -\frac{1}{2d} \mathbb{E}\left[\sum_{k=1}^{T} k\, 1_{0 \in \mathcal{D}} \right]$$

$$= -\frac{\mathbb{P}(0 \in \mathcal{D})}{2d} \hat{\mathbb{E}} \left(\frac{T^2 + T}{2} \right).$$

From the computation above, we get

$$\frac{d}{d\beta}(\mathbb{E}_\beta X_T 1_{0 \in \mathcal{D}}) \geqslant \frac{\mathbb{P}(0 \in \mathcal{D})}{d} - \frac{\mathbb{P}(0 \in \mathcal{D})}{2d^2} \beta \hat{\mathbb{E}} \left(\frac{T^2 + T}{2} \right) \geqslant 0 \text{ if } d \geqslant \beta \hat{\mathbb{E}} \left(\frac{T^2 + T}{4} \right). \quad (2.13)$$

It is proved in [BSZ03] that $\hat{\mathbb{E}} T = 1/\mathbb{P}(0 \in \mathcal{D}) < \infty$ for $d \geqslant 6$, and that $\mathbb{E} T < +\infty$ when $d \geqslant 8$. Hence we can take $f = T$ in (2.4). Observe that $T \circ \theta_k = T - k$ for $k \in \{1, 2, ..., T-1\}$. (2.4) reads

$$\hat{\mathbb{E}}(T) \mathbb{E}(T) = \int [T + (T-1)... + 1)] \, d\hat{\mathbb{P}} = \hat{\mathbb{E}} \left(\frac{T^2 + T}{2} \right).$$

Therefore,

$$\hat{\mathbb{E}} T^2 < +\infty \text{ for } d \geqslant 8. \quad (2.14)$$

Actually, lemma 2.1.9 asserts the stronger result that

$$d_1 := \sup_{d \geqslant 8} \hat{\mathbb{E}} \left(\frac{T^2 + T}{4} \right) < +\infty.$$

Choose $d_0 := \max\{d_1, 8\}$. Then, the derivative is positive $\forall \beta \in (0,1)$ and for all $d \geqslant d_0$. Set $\beta_0 := \frac{8}{d_1}$. Then the derivative is positive for all $\beta \in [0, \beta_0)$ when $d \geqslant 8$.

It remains now to prove :

Lemma 2.1.9.

$$d_1 := \sup_{d \geqslant 8} \hat{\mathbb{E}} \left(\frac{T^2 + T}{4} \right) < +\infty.$$

Proof. From (2.14), we have

$$\frac{\hat{\mathbb{E}}(T^2) + \hat{\mathbb{E}}(T)}{4} = \frac{\mathbb{E}(T) \hat{\mathbb{E}}(T)}{2} = \frac{\mathbb{E}(T)}{2 \mathbb{P}(0 \in \mathcal{D})}.$$

Because $\lim_{d \to +\infty} \mathbb{P}(0 \in \tilde{\mathcal{D}}) = 1$ and $\mathbb{P}(0 \in \mathcal{D}) = \frac{d-1}{d} \mathbb{P}(0 \in \tilde{\mathcal{D}})$ (see [ET60], remark 3, page 248), it is enough to prove that $\sup_{d \geqslant 8} \mathbb{E}(T) < +\infty$. to show that $d_1 < +\infty$.

Choose ε such that $0 < \varepsilon < 1$. We consider a simple random walk Z^ε on $\mathbb{Z}^{d-1}$ such that :

$$\mathbb{P}\left(Z_{n+1}^\varepsilon - Z_n^\varepsilon = e | \mathcal{F}_n^{Z^\varepsilon}\right) = \frac{\varepsilon}{2(d-1)}, \text{ for } e \in \{\pm e_1, \pm e_2, ..., \pm e_{d-1}\},$$

$$\mathbb{P}\left(Z_{n+1}^\varepsilon - Z_n^\varepsilon = 0 | \mathcal{F}_n^{Z^\varepsilon}\right) = 1 - \varepsilon. \quad (2.15)$$

Note that, we can construct Z^ε from the sequences $(\tilde{Z}_n)_{n\in\mathbb{Z}}$, $(\eta_n^\varepsilon)_{n\in\mathbb{Z}}$, where $\eta_n^\varepsilon \sim Ber(1-\varepsilon)$ as in the construction of Z. Set $\mathcal{J} := \{n \text{ such that } Z_n^\varepsilon \neq Z_{n-1}^\varepsilon\}$ and write $\mathcal{J} = \{... < j_{-1} < j_0 \leq 0 < j_1 < ...\}$. Set $\mu_n := j_n - j_{n-1}$ for $n > 1$ and $\mu_1 := j_1$. Then, the $(\mu_n)_{n \geq 0}$ are i.i.d., Geometric(ε) random variables. We let $T^\varepsilon = \sum_{i=1}^{\tilde{T}} \mu_i$. Then

$$\mathbb{E}(T^\varepsilon) = \sum_{k \geq 1} \mathbb{E}(\sum_{i=1}^k \mu_i) \mathbb{P}[\tilde{T} = k]$$
$$= \sum_{k \geq 1} \frac{k}{\varepsilon} \mathbb{P}[\tilde{T} = k]$$
$$= \frac{\mathbb{E}(\tilde{T})}{\varepsilon}. \tag{2.16}$$

We have similarly $\mathbb{E}(T) = \frac{d}{d-1}\mathbb{E}(\tilde{T})$, so that $\mathbb{E}(T) = \frac{d\varepsilon}{d-1}\mathbb{E}(T^\varepsilon)$. Therefore, in order to prove that $\sup_{d \geq 8} \mathbb{E}T < +\infty$, it is enough to prove that $\sup_{d \geq 8} \mathbb{E}(T^\varepsilon) < +\infty$ for some fixed ε. We call $\{T_n^\varepsilon\}_{n\in\mathbb{Z}}$ the cut times of Z^ε, $T^\varepsilon := T_1^\varepsilon$ and $\mathcal{D}^\varepsilon$ is the set of cut times. Then $\mathbb{P}(0 \in \mathcal{D}^\varepsilon) = \varepsilon\mathbb{P}(0 \in \tilde{\mathcal{D}})$ converges to ε when $d \to \infty$ and $\mathbb{P}(0 \in \mathcal{D}^\varepsilon)$ is bounded by ε.

On the other hand, repeating the proof of (1.12) in [BSZ03], we obtain for $k_j = 1 + Lj$ ($j \geq 0$, $L \geq 1, J \geq 1$ two fixed integers),

$$\mathbb{P}(T^\varepsilon > k_{2J}) \leq \mathbb{P}(0 \in \mathcal{D}^\varepsilon)^J + (2J+1) \sum_{k \geq L} k\mathbb{P}(Z_k^\varepsilon = 0)$$
$$\leq \varepsilon^J + (2J+1) \sum_{k \geq L} k\mathbb{P}(Z_k^\varepsilon = 0) \tag{2.17}$$

Using the fact that $\mathbb{P}(Z_n^\varepsilon = 0)$ decreases with $d \geq 8$ (we delay the proof of this fact at the end), we get

$$\mathbb{P}[T^\varepsilon > n] \leq \varepsilon^J + (2J+1) \sum_{k \geq L} k\mathbb{P}(Z_k^\varepsilon = 0) \text{ (when } d = 8)$$
$$\leq \varepsilon^J + (2J+1) \text{ const } L^{-\frac{7-4}{2}}, \quad n \geq 1, d \geq 8, \tag{2.18}$$

Choosing a large enough γ depending on ε, and setting $J = [\gamma \log n]$, $L = [\frac{n}{3J}]$ then

$$\mathbb{P}[T^\varepsilon > n] \leq c(\log n)^{1+\frac{7-4}{2}} n^{-\frac{7-4}{2}}, \quad n \geq 1, d \geq 8, \tag{2.19}$$

where c depend only on ε. This implies that $\sup_{d \geq 8} \mathbb{E}T^\varepsilon < \infty$. Now, in order to finish the proof of Lemma 2.1.9, we have to prove that $\mathbb{P}[Z_n^\varepsilon = 0]$ decreases with $d \geq 2$.

Remark that for n odd $\mathbb{P}[Z_n^\varepsilon = 0] = 0$, so we consider n even. Using characteristic functions, we obtain

$$\mathbb{P}(Z_n^\varepsilon = 0) = \frac{1}{(2\pi)^{d-1}} \int_{-\pi}^{\pi} \left(\frac{\varepsilon}{d-1} \sum_{i=1}^{d-1} \cos \theta_i + 1 - \varepsilon \right)^n d\theta_1...d\theta_{d-1}$$

$$= \frac{1}{(2\pi)^{d-1}} \int_{-\pi}^{\pi} \left(\frac{\varepsilon}{d-1} \sum_{i=1}^{d-1} \left(\cos \theta_i + \frac{1-\varepsilon}{\varepsilon} \right) \right)^n d\theta_1...d\theta_{d-1}$$

$$= \mathbb{E}\left[\left(\frac{1}{d-1} \sum_{i=1}^{d-1} (\varepsilon \cos \Theta_i + 1 - \varepsilon) \right)^n \right]. \quad (2.20)$$

where we consider a sequence $\{\Theta_i\}_{i=1}^{d-1}$ of i.i.d. random variables having uniform distribution $U[-\pi, \pi]$. Now, we consider the function $f(x) = x^n$. n being even, f is a convex function on $\mathcal{R}$ and

$$f\left(\frac{x_1 + x_2 + ... + x_d}{d} \right) \leq \frac{f(x_1) + f(x_2) + ... + f(x_d)}{d}, \quad \forall x_1, x_2, ..., x_d \in \mathbb{R}$$

For $a_1, a_2, ..., a_d \in \mathbb{R}$, choose

$$x_1 = \frac{a_1 + a_2 + ... + a_{d-1}}{d-1}, \; x_2 = \frac{a_2 + a_3 + ... + a_d}{d-1}, ..., x_d = \frac{a_d + a_1 + ... + a_{d-2}}{d-1},$$

then we get

$$\left(\frac{a_1 + a_2 + ... + a_d}{d} \right)^n$$
$$\leq \frac{1}{d} \left\{ \left(\frac{a_1 + a_2 + ... + a_{d-1}}{d-1} \right)^n + \left(\frac{a_2 + a_3 + ... + a_d}{d-1} \right)^n + ... + \left(\frac{a_d + a_1 + ... + a_1}{d-1} \right)^n \right\} \quad (2.21)$$

Now, take $a_i = \varepsilon \cos \Theta_i + 1 - \varepsilon$ for $i = 1, \cdots, d$ and take the expectation. It comes

$$\mathbb{E}\left[\left(\frac{1}{d} \sum_{i=1}^{d} (\varepsilon \cos \Theta_i + 1 - \varepsilon) \right)^n \right] \leq \mathbb{E}\left[\left(\frac{1}{d-1} \sum_{i=1}^{d-1} (\varepsilon \cos \Theta_i + 1 - \varepsilon) \right)^n \right]. \quad (2.22)$$

It means that $\mathbb{P}[Z_n^\varepsilon = 0]$ decreases with $d \geq 2$. $\square$

2.1.5 Differentiability of the speed at 0.

We are now interested in proving point 3 in Theorem 1.1, that is to compute the derivative at the critical point 0. By Lemma 2.1.6 we get

$$\frac{v(\beta)}{\beta} = \frac{1}{d} \frac{\mathbb{E}_0(N_T 1_{0 \in \mathcal{D}} M_T(\beta))}{\mathbb{E}_0(T 1_{0 \in \mathcal{D}})} = \frac{1}{d} \mathbb{E}_0(N_T 1_{0 \in \mathcal{D}} M_T(\beta)).$$

Note that

- $T1_{0\notin\mathcal{D}}M_T(\beta) \geqslant 0$;

- $\lim_{\beta\to 0}(T1_{0\notin\mathcal{D}}M_T(\beta)) = T1_{0\in\mathcal{D}}$;

- $\mathbb{E}_0(T1_{0\notin\mathcal{D}}M_T(\beta)) = \mathbb{E}_\beta(T1_{0\in\mathcal{D}}) = \mathbb{E}_0(T1_{0\in\mathcal{D}}) = 1$ for $d \geqslant 6$.

By lemma 2.1.8, $\{T1_{0\notin\mathcal{D}}M_T(\beta)\}_\beta$ is uniformly integrable in a neighborhood of 0. This is also true for $\{N_T 1_{0\notin\mathcal{D}}M_T(\beta)\}_{\beta\to 0}$ since $N_T \leqslant T$. Therefore, we get

$$\lim_{\beta\to 0}\mathbb{E}_0(N_T 1_{0\notin\mathcal{D}}M_T(\beta)) = \mathbb{E}_0(N_T 1_{0\in\mathcal{D}}).$$

On the other hand, with R_n is the range of the simple symmetric random walk on $\mathbb{Z}^d$ then

$$R(0) := \lim_{n\to\infty}\frac{R_n}{n} = \lim_{n\to\infty}\frac{R_{T_n}}{T_n} = \lim_{n\to\infty}\frac{R_{T_1} + (R_{T_2}-R_{T_1}) + ... + (R_{T_n}-R_{T_{n-1}})}{T_n}$$
$$= \lim_{n\to\infty}\frac{(1_{Y_0\notin} + ... + 1_{Y_{T_1-1}\notin}) + (1_{Y_{T_1}\notin} + ... + 1_{Y_{T_2-1}\notin}) + ... + (1_{Y_{T_{n-1}}\notin} + ... + 1_{Y_{T_n-1}\notin})}{T_n}$$
$$= \frac{\mathbb{E}_0(R_T 1_{0\in\mathcal{D}})}{\mathbb{E}_0(T1_{0\in\mathcal{D}})} = \mathbb{E}_0(R_T 1_{0\in\mathcal{D}}).$$

With $N_n = d\sum_{j=0}^{n-1} 1_{Y_j\notin}1_{Z_j=Z_{j+1}}$ then

$$\mathbb{E}_0(N_n) = d\sum_{j=0}^{n-1}\mathbb{E}_0(1_{Y_j\notin}1_{Z_j=Z_{j+1}}) = d\sum_{j=0}^{n-1}\mathbb{E}_0(1_{Y_j\notin})\mathbb{P}_0(Z_j=Z_{j+1}) = \mathbb{E}_0(\sum_{j=0}^{n-1}1_{Y_j\notin}) = \mathbb{E}_0(R_n).$$

Therefore

$$R(0) := \lim_{n\to\infty}\frac{R_n}{n} = \lim_{n\to\infty}\mathbb{E}_0\left(\frac{R_n}{n}\right) = \lim_{n\to\infty}\mathbb{E}_0\left(\frac{N_n}{n}\right)$$
$$= \frac{\mathbb{E}_0(N_T 1_{0\in\mathcal{D}})}{\mathbb{E}_0(T1_{0\in\mathcal{D}})} = \mathbb{E}_0(N_T 1_{0\in\mathcal{D}}).$$

This finishes the proof of Theorem 1.1.

2.2 ERW with several identical cookies

In this section, we consider a multi excited random walk with m cookies (m-ERW) that is a particular case of m-ERWRC when the cookie $\beta_k(y)$ is deterministic and with constant value $\beta \in [0;1]$ for all $1 \leqslant k \leqslant m$ and $y \in \mathbb{Z}^d$. We denote with $\mathbb{P}_{m,\beta}$ the law of m-ERW defined by :

- If Y_n has been visited less than $m-1$ times before time n, then

$$\mathbb{P}_{m,\beta}(Y_{n+1} - Y_n = \pm e_1 | \mathcal{F}_n^Y) = \frac{1 \pm \beta}{2d},$$

$$\mathbb{P}_{m,\beta}(Y_{n+1} - Y_n = \pm e_i | \mathcal{F}_n^Y) = \frac{1}{2d} \text{ for } 2 \leqslant i \leqslant d;$$

- If Y_n has been visited more than m times before time n then

$$\mathbb{P}_{m,\beta}(Y_{n+1} - Y_n = \pm e_i | \mathcal{F}_n^Y) = \frac{1}{2d} \text{ for } 1 \leqslant i \leqslant d.$$

We use the notation $Y_n \notin^m$ or $Y_n \notin^m \{Y_0; Y_1; ...; Y_{n-1}\}$ to mean that Y_n has not been visited more than m times before time n.

Set
$$N_n^m = d \sum_{j=0}^{n-1} 1_{Y_j \notin^m} 1_{Z_j = Z_{j+1}}.$$

Then, as in case $m = 1$, we get

$$\mathbb{E}_{m,\beta}(X_T 1_{0 \in \mathcal{D}}) = \frac{\beta}{d} \mathbb{E}_{m,\beta}(N_T^m 1_{0 \in \mathcal{D}}),$$

and the following formulars for the speed and its derivative when $d \geqslant 8$:

$$v(m, \beta) = \frac{\mathbb{E}_{m,\beta}(X_T 1_{0 \in \mathcal{D}})}{\mathbb{E}_{m,\beta}(T 1_{0 \in \mathcal{D}})} = \frac{\beta}{d} \frac{\mathbb{E}_0(N_T^m 1_{0 \in \mathcal{D}})}{\mathbb{E}_0(T 1_{0 \in \mathcal{D}})}, \qquad (2.23)$$

$$v'_\beta(m, \beta) = \frac{1}{d} \frac{\mathbb{E}_0(N_T^m M_T^m(\beta) 1_{0 \in \mathcal{D}})}{\mathbb{E}_0(T 1_{0 \in \mathcal{D}})} + \frac{\beta}{d} \frac{\mathbb{E}_0(N_T^m M_T^m(\beta) V_T^m(\beta) 1_{0 \in \mathcal{D}})}{\mathbb{E}_0(T 1_{0 \in \mathcal{D}})}, \qquad (2.24)$$

where

$$V_T^m(\beta) = \sum_{j=0}^{T-1} \frac{\mathcal{E}_j}{1 + \beta \mathcal{E}_j} 1_{Y_j \notin^m \{Y_0,...Y_{j-1}\}} 1_{Z_j = Z_{j+1}},$$

$$M_T^m(\beta) = \prod_{j=0}^{T-1} \left[1 + \varepsilon_j \beta 1_{Y_j \notin^m \{Y_0,...Y_{j-1}\}}\right].$$

In order to prove the uniform convergence of $v'_\beta(m, \beta)$ as m goes to $+\infty$, we use the following lemma, whose proof is given below:

Lemma 2.2.1. *Let J be an interval of $\mathbb{R}$, and $\{X_n(\beta)\}_{\beta \in J, n \geqslant 1}$, $\{X(\beta)\}_{\beta \in J}$ be families of positive random variables. Assume that*

1. *for every n, $\{X_n(\beta)\}_{\beta \in J}$ is uniformly integrable;*

2. $\{X(\beta)\}_{\beta\in J}$ is uniformly integrable;

3. $X_n(\beta)$ converges in probability to $X(\beta)$, uniformly in β : for any $\varepsilon > 0$,
$$\lim_{n\to+\infty} \sup_{\beta\in J} \mathbb{P}(|X_n(\beta) - X(\beta)| > \varepsilon) = 0.$$

Then, $\lim_{n\to+\infty} \sup_{\beta\in J} |\mathbb{E}(X_n(\beta)) - \mathbb{E}(X(\beta))| = 0$ if and only if $\{X_n(\beta)\}_{n\in\mathbb{N},\beta\in J}$ is uniformly integrable.

Set
$$N_T^\infty = d\sum_{j=0}^{T-1} 1_{Z_j = Z_{j+1}}, \quad V_T^\infty(\beta) = \sum_{j=0}^{T-1} \frac{\mathcal{E}_j}{1+\beta\mathcal{E}_j} 1_{Z_j = Z_{j+1}}, \quad M_T^\infty(\beta) = \prod_{j=0}^{T-1}(1+\varepsilon_j\beta).$$

One can check that the following inequalities hold : $\forall m \in \mathbb{N}\cup\{+\infty\}$, $\forall \beta \in [0,\beta_0[$ $(\beta_0 < 1)$,
$$N_T^m \leqslant dT, \quad M_T^m(\beta) \leqslant 2^T, \quad V_T^m(\beta) \leqslant \frac{T}{1-\beta_0};$$

$$|N_T^m - N_T^\infty| \leqslant d(T-m)_+;$$

$$\sup_{\beta\in[0,1]} |M_T^m(\beta) - M_T^\infty(\beta)| \leqslant 2^T(T-m)_+;$$

$$\sup_{\beta\in[0,\beta_0]} |V_T^m(\beta) - V_T^\infty(\beta)| \leqslant \frac{1}{1-\beta_0}(T-m)_+.$$

We deduce from these inequalities that $\sup_{\beta\in[0,1]} |N_T^m M_T^m(\beta) - N_T^\infty M_T^\infty(\beta)|$ converges a.s. to 0 when m tends to ∞. The same is true for
$$\sup_{\beta\in[0,\beta_0]} |N_T^m M_T^m(\beta) V_T^m(\beta) - N_T^\infty M_T^\infty(\beta) V_T^\infty(\beta)|.$$

Using Lemma 2.1.8, we can also show that the family $\{TM_T^m(\beta)1_{0\in\mathcal{D}}\}_{\beta\in[0,1],m\geqslant 1}$ is uniformly integrable for $d \geqslant 6$. Indeed, it is a.s. continuous in (β,m), and for $d \geqslant 6$,
$$\mathbb{E}_0(TM_T^m(\beta)\,1_{0\in\mathcal{D}}) = \mathbb{E}_{m,\beta}(T\,1_{0\in\mathcal{D}}) = \mathbb{E}_0(T1_{0\in\mathcal{D}}) = 1.$$

Since $N_T^m \leqslant T$, the family $\{N_T^m M_T^m(\beta)1_{0\in\mathcal{D}}\}_{\beta\in[0,1],m\geqslant 1}$ is uniformly integrable for $d \geqslant 6$.

In the same way, Lemma 2.1.8 implies that the family $\{T^2 M_T^m(\beta)1_{0\in\mathcal{D}}\}_{\beta\in[0,1],m\geqslant 1}$ is uniformly integrable for $d \geqslant 8$. Since $N_T^m \leqslant T$ and $V_T^m(\beta) \leqslant \frac{1}{1-\beta_0}T$ for $0 \leqslant \beta \leqslant \beta_0 < 1$, the family $\{N_T^m V_T^m(\beta) M_T^m(\beta)1_{0\in\mathcal{D}}\}_{\beta\in[0,\beta_0],m\geqslant 1}$ is also uniformly integrable. To apply Lemma 2.2.1, it remains to prove that $\{N_T^\infty M_T^\infty(\beta) 1_{0 \in \mathcal{D}}\}_{\beta \in [0,1]}$ ($\{N_T^\infty M_T^\infty(\beta) V_T^\infty(\beta) 1_{0 \in \mathcal{D}}\}_{\beta \in [0,1]}$ respectively) are uniformly integrable. This is true for $d \geqslant 6$ ($d \geqslant 8$ respectively) using again Lemma 2.1.8.

By Lemma 2.2.1, we conclude that for $d \geqslant 8$, and $0 \leqslant \beta_0 < 1$,

$$\lim_{m \to +\infty} \sup_{\beta \in [0,\beta_0]} |v'(m,\beta) - v'(\infty,\beta)| = 0.$$

Note that $v'(\infty,\beta) = \frac{d}{d\beta} v(\infty,\beta)$, and that $\mathbb{P}_{\infty,\beta}$ is the law of simple random walk with drift β. Therefore, $v(\infty,\beta) = \beta/d$, leading to the statement in Theorem 1.4.3. This in turn implies that for $d \geqslant 8$, there exists m_0 such that for $m \geqslant m_0$ the speed of ERW with m cookies is increasing in β on $[0;1[$.

To finish the proof of Theorem 1.4.3, we prove Lemma 2.2.1.

Proof of Lemma 2.2.1. ($\Leftarrow$) We prove the sufficiency. Since $\{X_n(\beta)\}_{n,\beta}$ and $\{X(\beta)\}_\beta$ are uniformly integrable, for all $\varepsilon > 0$, there exists c_0 such that for all $c \geqslant c_0$, we have :

$$\sup_{n,\beta} \mathbb{E}[X_n(\beta), X_n(\beta) \geqslant c] < \varepsilon, \; \sup_\beta \mathbb{E}[X(\beta), X(\beta) \geqslant c] < \varepsilon.$$

Therefore

$$|\mathbb{E}[X_n(\beta)] - \mathbb{E}[X(\beta)]| \quad (2.25)$$
$$\leqslant \varepsilon + \mathbb{E}[|X_n(\beta)|, |X_n(\beta) - X(\beta)| > \varepsilon] + \mathbb{E}[|X(\beta)|, |X_n(\beta) - X(\beta)| > \varepsilon]$$
$$\leqslant \varepsilon + \mathbb{E}[X_n(\beta), X_n(\beta) \geqslant c_0] + \mathbb{E}[X_n(\beta), X_n(\beta) < c_0, |X_n(\beta) - X(\beta)| > \varepsilon]$$
$$+ \mathbb{E}[X(\beta), X(\beta) \geqslant c_0] + \mathbb{E}[X(\beta), X(\beta) < c_0, |X_n(\beta) - X(\beta)| > \varepsilon]$$
$$\leqslant 3\varepsilon + 2c_0 \sup_\beta \mathbb{P}[|X_n(\beta) - X(\beta)| > \varepsilon]. \quad (2.26)$$

By assumption 3, we get that for all $\varepsilon > 0$,

$$\limsup_{n \to +\infty} \sup_\beta |\mathbb{E}[X_n(\beta)] - \mathbb{E}[X(\beta)]| \leqslant 3\varepsilon.$$

($\Rightarrow$) We prove now the necessity. For any $C > 0$,

$\mathbb{E}(X_n(\beta) 1_{X_n(\beta) \geqslant C})$
$= \mathbb{E}(X_n(\beta) - X(\beta)) + \mathbb{E}(X(\beta) 1_{X(\beta) \geqslant C-1}) + \mathbb{E}(X(\beta) 1_{X(\beta) < C-1} - X_n(\beta) 1_{X_n(\beta) < C}).$

Using the positivity of $X_n(\beta)$, for any $\varepsilon \in]0;1[$,

$$X(\beta) 1_{X(\beta)<C-1} - X_n(\beta) 1_{X_n(\beta)<C}$$
$$\leqslant (X(\beta) - X_n(\beta))1_{X(\beta)<C-1, X_n(\beta)<C} + X(\beta) 1_{X(\beta)<C-1} 1_{|X_n(\beta)-X(\beta)|\geqslant \varepsilon}$$
$$\leqslant \varepsilon + 2C 1_{|X_n(\beta)-X(\beta)|\geqslant \varepsilon}.$$

Therefore, for any $C > 0$ and any $\varepsilon \in]0;1[$,

$$\sup_\beta \mathbb{E}(X_n(\beta) 1_{X_n(\beta) \geqslant C})$$
$$\leqslant \sup_\beta |\mathbb{E}(X_n(\beta) - X(\beta))| + \sup_\beta \mathbb{E}(X(\beta) 1_{X(\beta) \geqslant C-1}) + \varepsilon + 2C \sup_\beta \mathbb{P}(|X_n(\beta) - X(\beta)| \geqslant \varepsilon).$$

Taking the limit $n \to \infty$, then $\varepsilon \to 0$ leads to

$$\limsup_{n\to\infty} \sup_\beta \mathbb{E}(X_n(\beta) 1_{X_n(\beta) \geqslant C}) \leqslant \sup_\beta \mathbb{E}(X(\beta) 1_{X(\beta) \geqslant C-1}). \qquad (2.27)$$

Let $\varepsilon > 0$. Using the uniform integrability of the family $\{X(\beta)\}_\beta$, on can find $C_0(\varepsilon)$ such that $\sup_\beta \mathbb{E}(X(\beta) 1_{X(\beta) \geqslant C_0(\varepsilon)-1}) \leqslant \varepsilon$. By (2.27), there exists $n_0(\varepsilon)$ such that for all $n \geqslant n_0(\varepsilon)$,

$$\sup_\beta \mathbb{E}(X_n(\beta) 1_{X_n(\beta) \geqslant C_0(\varepsilon)}) \leqslant 2\varepsilon.$$

For $n < n_0(\varepsilon)$, we use the uniform integrability of the family $\{X_n(\beta)\}_\beta$ to get $C_1(\varepsilon)$ such that for any $C \geqslant C_1(\varepsilon)$, $\sup_{n \leqslant n_0(\varepsilon), \beta} \mathbb{E}[X_n(\beta), X_n(\beta) > C] < \varepsilon$.. Now, choosing $C_2(\varepsilon) = \max\{C_0(\varepsilon), C_1(\varepsilon)\}$, we get $\sup_{n,\beta} \mathbb{E}[X_n(\beta), X_n(\beta) > C] < 2\varepsilon$ for all $C > C_2(\varepsilon)$.

$\square$

2.3 Excited random walk with random cookie.

Let β be a environment ($\beta \in \mathbb{B}$). We denote by $\{Y_n \in_k\}$ the event

$$\{Y_n \in_k\} = \{Y_n \text{ has been visited } k-1 \text{ times before time } n\}.$$

We recall from the introduction that the "quenched" law $\mathbb{P}_\beta$ of the ERW in the environment β, is defined by the following conditions :

1. $\mathbb{P}_\beta(Y_0 = 0) = 1$;

2. on the event $\{Y_n \in_k\}$ where $1 \leqslant k \leqslant m$, then

$$\mathbb{P}_\beta[Y_{n+1} - Y_n = \pm e_i | \mathcal{F}_n^Y] = \frac{1}{2d} \quad \text{for } 2 \leqslant i \leqslant d,$$

$$\mathbb{P}_\beta[Y_{n+1} - Y_n = \pm e_1 | \mathcal{F}_n^Y] = \frac{1 \pm \beta_k(Y_n)}{2d};$$

3. on the event $\{Y_n \in_k\}$ where $k > m$, then

$$\mathbb{P}_\beta[Y_{n+1} - Y_n = \pm e_i | \mathcal{F}_n^Y] = \frac{1}{2d} \quad \text{for } 1 \leqslant i \leqslant d.$$

The "annealed" law is defined by $P(\cdot) = \mathbb{Q}[\mathbb{P}_\beta(\cdot)]$. Observe that the cut-times are still well defined. In section 2.3.1 we consider the case when there is only one cookie ($m = 1$) (1-ERWRC) and the environment is then denoted by $\beta = \{\beta(y)\}_{y \in \mathbb{Z}^d}$.

2.3.1 $m = 1$ and i.i.d. random cookie.

In this case, we see that the annealed law of ERWCR is the law of an ERW.

Lemma 2.3.1. *Assume that $m = 1$ and the cookie environment $\{\beta(y)\}_{y \in \mathbb{Z}^d}$ is i.i.d. Then under P, Y has the same law as an excited random walk with parameter $\beta_0 := \mathbb{E}_\mathbb{Q}[\beta(0)]$.*

Proof. We have to prove that

$$P[Y_0 = y_0; Y_1 = y_1; ...; Y_n = y_n] = \left(\frac{1}{2d}\right)^n \prod_{i=0}^{n-1}(1 + \beta_0 \varepsilon_i . 1_{y_i \notin}),$$

where $\beta_0 = \mathbb{E}_\mathbb{Q}[\beta(0)]$, $y_0 = 0$ and $y_{i+1} - y_i \in \{0; \pm 1\}$.

Indeed, we have

$$P[Y_0 = y_0; Y_1 = y_1; ...; Y_n = y_n] = \mathbb{E}_\mathbb{Q} \mathbb{P}_\beta[Y_0 = y_0; Y_1 = y_1; ...; Y_n = y_n]$$

$$= \mathbb{E}_\mathbb{Q} \left[\left(\frac{1}{2d}\right)^n \prod_{i=0}^{n-1}(1 + \beta(y_i)\varepsilon_i . 1_{y_i \notin})\right]$$

$$= \left(\frac{1}{2d}\right)^n \prod_{i=0}^{n-1}(1 + \mathbb{E}_\mathbb{Q}[\beta(0)]\varepsilon_i . 1_{y_i \notin}).$$

$\square$

Then, we get the law of large numbers and the fact that the speed is increasing in $\beta_0 = \mathbb{E}_\mathbb{Q}[\beta(0)]$ from the results on the excited random walk.

2.3.2 $m \geqslant 1$ and stationary random cookie.

We focus now on the case of a stationary and Δ-exchangeable environment, and on the proof of Theorem 1.4.4.

Existence of the speed.

We begin with some notations used throughout the section. For $z \in (\mathbb{Z}^{d-1})^{\mathbb{Z}}$, and $k, l \in \mathbb{Z}, k \leqslant l$, $z_{[k,l]} := (z_k, z_{k+1}, \cdots, z_l)$. The expectation w.r.t. the law $\mathbb{Q}$ of the environment is still denoted by $\mathbb{Q}$. We use also the notation $\hat{P}(\cdot) = P(\cdot|0 \in \mathcal{D})$, and for β fixed, $\hat{\mathbb{P}}_\beta(\cdot) = \mathbb{P}_\beta(\cdot|0 \in \mathcal{D})$. Since $\mathbb{P}_\beta(0 \in \mathcal{D})$ does not depend on β, we get $\hat{P}(\cdot) = \mathbb{Q}(\hat{\mathbb{P}}_\beta(\cdot))$. Let A be any borelian set of $(\mathbb{Z}^d)^{\mathbb{N}}$.

$$\hat{P}(Y_{T+\cdot} - Y_T \in A) = \mathbb{Q}[\hat{\mathbb{P}}_\beta(Y_{T+\cdot} - Y_T \in A)]$$
$$= \sum_{k \geqslant 1} \sum_{z_{[1,k]}} \sum_{x \in \mathbb{Z}} \mathbb{Q}[\hat{\mathbb{P}}_\beta(Y_{k+\cdot} - Y_k \in A | T = k, Z_{[1,k]} = z_{[1,k]}, X_k = x)$$
$$\times \hat{\mathbb{P}}_\beta(X_k = x | T = k, Z_{[1,k]} = z_{[1,k]}) \hat{P}(T = k, Z_{[1,k]} = z_{[1,k]}). \quad (2.28)$$

Note that by definition of the cut times, the trajectory of Y between T_n and $T_{n+1}-1$ does not intersect the trajectory of Y before T_n. Hence $\hat{\mathbb{P}}_\beta(Y_{k+\cdot} - Y_k \in A | T = k, Z_{[1,k]} = z_{[1,k]}, X_k = x)$ depends only on $\{\beta(.,z)\}_{z \notin z_{[1,k]}}$, while $\hat{\mathbb{P}}_\beta(X_k = x | T = k, Z_{[1,k]} = z_{[1,k]})$ depends only on $\{\beta(.,z)\}_{z \in z_{[1,k]}}$. $z_{[1,k]}$ and $x \in \mathbb{Z}$ being given, we consider the mapping $\delta : \mathbb{Z}^d \to \mathbb{Z}^d$ defined by :

$$\forall (u,v) \in \mathbb{Z} \times \mathbb{Z}^{d-1}, \ \delta(u,v) = \begin{cases} (u,v) & \text{if } v \in z_{[1,k]}, \\ (u-x,v) & \text{if } v \notin z_{[1,k]}. \end{cases}$$

It follows from the preceding remark that :

$$\hat{\mathbb{P}}_{\delta\beta}(Y_{k+\cdot} - Y_k \in A | T = k, Z_{[1,k]} = z_{[1,k]}, X_k = x)$$
$$= \hat{\mathbb{P}}_{\theta_{(-x,0)}\beta}(Y_{k+\cdot} - Y_k \in A | T = k, Z_{[1,k]} = z_{[1,k]}, X_k = x)$$
$$= \hat{\mathbb{P}}_{\theta_{(0,z_k)}\beta}(Y \in A | T_{-1} = -k, Z_{[-k,-1]} = \overline{z}_{[-k,-1]}),$$

where $\theta_{(x,z)}\beta(u,v) := \beta(u+x, v+z)$, and $\overline{z}_{[-k,-1]} = (-z_k, z_1 - z_k, \cdots, z_{k-1} - z_k)$. Moreover,

$$\hat{\mathbb{P}}_{\delta\beta}(X_k = x | T = k, Z_{[1,k]} = z_{[1,k]}) = \hat{\mathbb{P}}_\beta(X_k = x | T = k, Z_{[1,k]} = z_{[1,k]}).$$

The random cookie being Δ-exchangeable, $\delta(\beta)$ has the same law has β. Hence,

$$\hat{P}(Y_{T+\cdot} - Y_T \in A)$$
$$= \sum_{k \geq 1} \sum_{z_{[1,k]}} \sum_{x \in \mathbb{Z}} \mathbb{Q}[\hat{\mathbb{P}}_{\delta\beta}(Y_{k+\cdot} - Y_k \in A | T = k, Z_{[1,k]} = z_{[1,k]}, X_k = x)$$
$$\times \hat{\mathbb{P}}_{\delta\beta}(X_k = x | T = k, Z_{[1,k]} = z_{[1,k]})]\hat{P}(T = k, Z_{[1,k]} = z_{[1,k]})$$
$$= \sum_{k \geq 1} \sum_{z_{[1,k]}} \sum_{x \in \mathbb{Z}} \mathbb{Q}[\hat{\mathbb{P}}_{\theta_{(0,z_k)}\beta}(Y_\cdot \in A | T_{-1} = -k, Z_{[-k,-1]} = \overline{z}_{[-k,-1]})$$
$$\times \hat{\mathbb{P}}_\beta(X_k = x | T = k, Z_{[1,k]} = z_{[1,k]})]\hat{P}(T = k, Z_{[1,k]} = z_{[1,k]})$$
$$= \sum_{k \geq 1} \sum_{z_{[1,k]}} \mathbb{Q}[\hat{\mathbb{P}}_{\theta_{(0,z_k)}\beta}(Y_\cdot \in A | T_{-1} = -k, Z_{[-k,-1]} = \overline{z}_{[-k,-1]})]\hat{P}(T = k, Z_{[1,k]} = z_{[1,k]}) \quad (2.29)$$

Using the stationarity of the environment, we get then

$$\hat{P}(Y_{T+\cdot} - Y_T \in A)$$
$$= \sum_{k \geq 1} \sum_{z_{[1,k]}} \mathbb{Q}[\hat{\mathbb{P}}_\beta(Y_\cdot \in A | T_{-1} = -k, Z_{[-k,-1]} = \overline{z}_{[-k,-1]})]\hat{P}(T_{-1} = -k, Z_{[-k,-1]} = \overline{z}_{[-k,-1]})$$
$$= \hat{P}(Y_\cdot \in A). \quad (2.30)$$

Now, set $U_n = X_{T_n} - X_{T_{n-1}}$ for $n \geq 1$. We have just seen that the sequence $\{U_n\}_{n \geq 1}$ is stationary under $\hat{P}$. Furthermore, $\hat{E}|U_n| \leq \hat{E}T < \infty$ for $d \geq 6$. By Birkhoff's and Khinchin's theorem, $\hat{P}-as$

$$\lim_{n \to \infty} \frac{U_1 + U_2 + \ldots + U_n}{n} = \hat{E}(U_1 | \mathcal{F}_U),$$

where $\mathcal{F}_U$ is the σ-algebra generated by the invariant sets of the sequence $\{U_n\}$. Therefore $\lim_{n \to \infty} \frac{X_{T_n}}{n} = \hat{E}(X_T | \mathcal{F}_U)$. On the other hand, we also have $\hat{P}-as \lim_{n \to \infty} \frac{T_n}{n} = \hat{E}(T)$, so that $\hat{P}-as$, $V := \lim_{n \to \infty} \frac{X_n}{n}$ exists for $d \geq 6$, and

$$V = \frac{\hat{E}(X_T | \mathcal{F}_U)}{\hat{E}(T)}.$$

Monotonicity of the speed.

Now, we prove that the expectation $v(\mathbb{Q}) = \hat{E}[V] = \frac{\hat{E}(X_T)}{\hat{E}T}$ is increasing in $\mathbb{Q}$. Consider $\beta_1 = \{\beta_1(y)\}_{y \in \mathbb{Z}^d}, \beta_2 = \{\beta_2(y)\}_{y \in \mathbb{Z}^d}$ defined on $(\Omega, \mathcal{A}, Q) \to \mathbb{B} = ([0;1]^m)^{\mathbb{Z}^d}$ such that $Q(\beta_1 \leq \beta_2) = 1$. It is proved in Aldous & Lyons [AL07], that if there exists a monotone coupling of $\mathbb{Q}_1$ and $\mathbb{Q}_2$, then there exists also a stationary monotone coupling of $\mathbb{Q}_1$ and $\mathbb{Q}_2$, as soon as $\mathbb{Q}_1$ and $\mathbb{Q}_2$ are stationary.

Therefore we can suppose that $\{(\beta_1,\beta_2)(y)\}_{y\in\mathbb{Z}^d}$ is stationary. Set $\beta_t(y) = (1-t)\beta_1(y) + t\beta_2(y)$ for $t \in [0;1]$. $\beta_t = \{\beta_t(y)\}_{y\in\mathbb{Z}^d}$ is a stationary environment. Consider

$$v(t) = \frac{\mathbb{Q}[\mathbb{E}_{\beta_t}(X_T 1_{0\in\mathcal{D}})]}{E(T 1_{0\in\mathcal{D}})}.$$

Note that β_t is not necessarily exchangeable, so that we can not assert that $v(t)$ is the mean of the speed of the ERW in the random cookie β_t. Nevertheless, β_1 and β_2 being exchangeable, we get $v(0) = v(\mathbb{Q}_1)$, $v(1) = v(\mathbb{Q}_2)$, so that it is enough to prove that $v(t)$ is increasing in t. First of all, we need the Girsanov's transform. Define

$$M_n(\beta_t) = \prod_{j=0}^{n-1}[1 + \mathcal{E}_j \beta_t(Y_j) 1_{Y_j \notin^m}],$$

where $Y_j \notin^m$ denotes the event that Y_j has not been visited more than $m-1$ times before time j. As in section 2.1.2, and using the same notations,

$$\frac{dP_{\beta_t}|_{\mathcal{F}_n}}{dP_0|_{\mathcal{F}_n}} = \frac{dP_{\beta_t}|_{\mathcal{G}_n}}{dP_0|_{\mathcal{G}_n}} = M_n(\beta_t), \; \frac{dP_{\beta_t}|_{\mathcal{G}_T}}{dP_0|_{\mathcal{G}_T}} = M_T(\beta_t).$$

Remark that as in section 2.1.3,

$$\mathbb{E}_{\beta_t}(X_T 1_{0\in\mathcal{D}}) = \mathbb{E}_{\beta_t}(\sum_{j=0}^{+\infty} \mathcal{E}_j 1_{T>j} 1_{0\in\mathcal{D}}) = \sum_{j=0}^{+\infty} \mathbb{E}_{\beta_t}(\mathcal{E}_j 1_{T>j} 1_{0\in\mathcal{D}}),$$

and

$$\mathbb{E}_{\beta_t}(\mathcal{E}_j 1_{T>j} 1_{0\in\mathcal{D}})$$
$$= \mathbb{E}_{\beta_t}\left[\frac{1+\beta_t(Y_j)}{2} 1_{T>j} 1_{0\in\mathcal{D}} 1_{Y_j \notin^m} 1_{Z_j = Z_{j+1}}\right] - \mathbb{E}_{\beta_t}\left[\frac{1-\beta_t(Y_j)}{2} 1_{T>j} 1_{0\in\mathcal{D}} 1_{Y_j \notin^m} 1_{Z_j = Z_{j+1}}\right]$$
$$= \mathbb{E}_{\beta_t}\left[\beta_t(Y_j) 1_{T>j} 1_{0\in\mathcal{D}} 1_{Y_j \notin^m} 1_{Z_j = Z_{j+1}}\right].$$

Hence, we get

$$\mathbb{E}_{\beta_t}(X_T 1_{0\in\mathcal{D}}) = \sum_{j=0}^{+\infty} \mathbb{E}_{\beta_t}\left[\beta_t(Y_j) 1_{T>j} 1_{0\in\mathcal{D}} 1_{Y_j \notin^m} 1_{Z_j = Z_{j+1}}\right]$$
$$= \mathbb{E}_{\beta_t}\left[\sum_{j=0}^{T-1} \beta_t(Y_j) 1_{0\in\mathcal{D}} 1_{Y_j \notin^m} 1_{Z_j = Z_{j+1}}\right]$$
$$= \mathbb{E}_0\left[\sum_{j=0}^{T-1} \beta_t(Y_j) 1_{0\in\mathcal{D}} 1_{Y_j \notin^m} 1_{Z_j = Z_{j+1}} M_T(\beta_t)\right].$$

For $d \geqslant 8$, $\hat{E}(T^2) < \infty$. We can take the derivative in t, to get that

$$E(T1_{0\in\mathcal{D}})\frac{d}{dt}v(t) = \frac{d}{dt}\mathbb{Q}[\mathbb{E}_{\beta_t}(X_T 1_{0\in\mathcal{D}})]$$

$$= \mathbb{Q}\mathbb{E}_{\beta_t}\left[\sum_{j=0}^{T-1}(\beta_2 - \beta_1)(Y_j)\, 1_{0\in\mathcal{D}}\, 1_{Y_j\notin m}\, 1_{Z_j=Z_{j+1}}\right]$$

$$+ \mathbb{Q}\mathbb{E}_{\beta_t}\left[\sum_{j=0}^{T-1}\beta_t(Y_j)\, 1_{0\in\mathcal{D}}\, 1_{Y_j\notin m}\, 1_{Z_j=Z_{j+1}} \sum_{i=1}^{T-1}\frac{(\beta_2-\beta_1)(Y_i)\mathcal{E}_i 1_{Y_i\notin m}}{1+\beta_t(Y_i)\mathcal{E}_i}\, 1_{Z_i=Z_{i+1}}\right]$$

We study now the sign of the derivative on the set of bounded environment, and from now on we assume that for $i=1,2$, $\beta_i(y) \leqslant \sigma < 1$ a.s. for any y of $\mathcal{Z}^d$. As in section 2.1.4, the first term is bounded from below by its first item corresponding to $j=0$.

$$\mathbb{Q}\mathbb{E}_{\beta_t}\left[\sum_{j=0}^{T-1}(\beta_2-\beta_1)(Y_j)\, 1_{0\in\mathcal{D}}\, 1_{Y_j\notin m}\, 1_{Z_j=Z_{j+1}}\right] \geqslant \mathbb{Q}\left[(\beta_2-\beta_1)(0)\right] P(0\in\mathcal{D}, Z_0=Z_1)$$

$$= \frac{1}{d}\mathbb{Q}\left[(\beta_2-\beta_1)(0)\right] P(0\in\mathcal{D})$$

Now, we focus on the second term. Since $\mathbb{E}_{\beta_t}(\mathcal{E}_k/(1+\beta_t(Y_k)\mathcal{E}_k)|\mathcal{G}_k) = 0$, it is equal to

$$\mathbb{Q}\mathbb{E}_{\beta_t}\left[\sum_{0\leqslant i<j\leqslant T-1}\beta_t(Y_j)\, 1_{0\in\mathcal{D}}\, 1_{Y_j\notin m}n 1_{Z_j=Z_{j+1}}\frac{(\beta_2-\beta_1)(Y_i)\mathcal{E}_i}{1+\beta_t(Y_i)\mathcal{E}_i}1_{Y_i\notin m}1_{Z_i=Z_{i+1}}\right]$$

$$\geqslant -\mathbb{Q}\mathbb{E}_{\beta_t}\left[\sum_{0\leqslant i<j\leqslant T-1}\frac{(\beta_2-\beta_1)(Y_i)}{1-\beta_t(Y_i)}1_{\mathcal{E}_i=-1}1_{Z_i=Z_{i+1}}\beta_t(Y_j)\, 1_{0\in\mathcal{D}}\, 1_{Y_j\notin m}1_{Z_j=Z_{j+1}}\right],$$

$$\geqslant -\sigma\mathbb{Q}\mathbb{E}_{\beta_t}\left[\sum_{0\leqslant i<j}\frac{(\beta_2-\beta_1)(Y_i)}{1-\beta_t(Y_i)}1_{Y_i\notin m}\mathbb{P}_{\beta_t}(\mathcal{E}_i=-1|\mathcal{G}_i)1_{Z_j=Z_{j+1}}1_{0\in\mathcal{D}}\, 1_{T>j}\right] \text{ since } \beta_t\leqslant\sigma,$$

$$\geqslant -\frac{\sigma}{2d}\mathbb{Q}\mathbb{E}_{\beta_t}\left[\sum_{0\leqslant i<j}(\beta_2-\beta_1)(Y_i)1_{Z_j=Z_{j+1}}1_{0\in\mathcal{D}}1_{T>j}\right],$$

$$\geqslant -\frac{\sigma}{2d}\mathbb{Q}\mathbb{E}_{\beta_t}\left[\sum_{0\leqslant i<j}(\beta_2-\beta_1)(Y_i)1_{\eta_j=1}1_{0\in\tilde{\mathcal{D}}}1_{\tilde{T}>\sum_{k=0}^{j-1}(1-\eta_k)}\right]$$

using the notations of section 2.1.3,

$$= -\frac{\sigma}{2d^2}\mathbb{Q}\mathbb{E}_{\beta_t}\left[\sum_{0\leqslant i<j}(\beta_2-\beta_1)(Y_i)1_{0\in\mathcal{D}}1_{T>j}\right]$$

since $\eta_j=1$ is independent of $\tilde{Z}, \mathcal{F}_i^Y, \eta_1, \cdots, \eta_{j-1}$,

$$= -\frac{\sigma}{2d^2}\sum_{i=1}^{+\infty} \mathbb{Q}\mathbb{E}_{\beta_t}\left[(\beta_2-\beta_1)(Y_i)(T-i-1)1_{T>i}1_{0\in\mathcal{D}}\right],$$

$$= -\frac{\sigma}{2d^2}\sum_{i=1}^{+\infty} \mathbb{Q}\mathbb{E}_{\beta_t}\left[\sum_{z\in\mathbb{Z}^{d-1}}\sum_{x\in\mathbb{Z}}\frac{(\beta_2-\beta_1)(y)}{d^2}1_{Z_i=z}1_{X_i=x}(T-i-1)1_{T>i}1_{0\in\mathcal{D}}\right] \text{ with } y=(x,z),$$

$$= -\frac{\sigma}{2d^2}\sum_{i\geqslant 1} \mathbb{Q}\left[(\beta_2-\beta_1)(0)\sum_{z\in\mathbb{Z}^{d-1}}\sum_{x\in\mathbb{Z}}\mathbb{E}_{\theta_y\beta_t}(1_{Y_i=y}(T-i-1)1_{T>i}1_{0\in\mathcal{D}})\right]$$

because β is stationary,

$$\geqslant -\frac{\sigma}{2d^2}\sum_{i\geqslant 1}\mathbb{Q}\left\{(\beta_2-\beta_1)(0)\sum_{z\in\mathbb{Z}^{d-1}}\mathbb{E}_{\theta_y\beta_t}[(2i+1)(1_{Z_i=z}(T-i-1)1_{T>i}1_{0\in\mathcal{D}})]\right\}$$

for $X_i=x\Rightarrow |x|\leqslant i$,

$$\geqslant -\frac{\sigma}{2d^2}\sum_{i\geqslant 1}\mathbb{Q}\left\{(\beta_2-\beta_1)(0)\sum_{z\in\mathbb{Z}^{d-1}}\mathbb{E}_0[(2T+1)1_{Z_i=z}(T-i-1)1_{T>i}1_{0\in\mathcal{D}})]\right\},$$

$$\geqslant -\frac{\sigma}{2d^2}\mathbb{Q}\left[(\beta_2-\beta_1)(0)\right]\mathbb{E}_0\left[\frac{(2T+1)T(T-1)}{2}1_{0\in\mathcal{D}}\right].$$

Therefore, we get

$$\hat{E}(T)\frac{d}{dt}v(t)\geqslant \frac{1}{d}\mathbb{Q}[(\beta_2-\beta_1)(0)]\left[1-\frac{1}{d}\sigma\hat{E}\frac{(2T+1)T(T-1)}{4}\right]$$

It is similar to Lemma 2.1.9 to prove that

$$d_0:=\sup_{d\geqslant 10}\hat{E}\left[\frac{(2T+1)T(T-1)}{4}\right]<+\infty$$

Then, for $d\geqslant \sigma d_0$, we have $\frac{d}{dt}v(t)\geqslant 0$, wich implies that $v(0)\leqslant v(1)$ so that $v(\mathbb{Q}_{\beta_1})\leqslant v(\mathbb{Q}_{\beta_2})$ on the set of probability measures on bounded environment.

Choose $\sigma=\frac{10}{d_0}$, then we have the monotonicity for environments bounded by σ for any $d\geqslant 10$.

2.3.3 $m\geqslant 1$ and i.i.d random cookie.

We consider now the case of an i.i.d environment with m cookies. In this situation, we can prove that the derivative is deterministic. To this end, we construct an ergodic dynamical system on which the m−ERWRC is defined. Let μ be the law of $\beta=(\beta_1,\beta_2,...,\beta_m)(0)\in[0;1]^m$.

We consider the probability space

$$W := \Gamma \times (\mathbb{Z}^{d-1})^{\mathbb{Z}} \times \{0;1\}^{\mathbb{Z}} \times \{\{0;1\}^m\}^{\mathbb{Z}} \text{ where } \Gamma = ([0;1]^m)^{\mathbb{Z}},$$

endowed with the probability $dP := \int_\Gamma d\mathbb{Q}(\gamma) \times P_\gamma$, where $\mathbb{Q} = \mu^{\otimes \mathbb{Z}}$ and for $\gamma \in \Gamma$,

$$P_\gamma = q^{\otimes \mathbb{Z}} \otimes p_1^{\otimes \mathbb{Z}} \otimes \bigotimes_{n \in \mathbb{Z}} \bigotimes_{1 \leq k \leq m} p_{kn}(\gamma),$$

where

- q is the law of the increments of Z,
- p_1 is a Bernoulli distribution of parameter $1/2$,
- $p_{kn}(\gamma)$ is a Bernoulli distribution with $p_{kn}\{1\} = \gamma_n(k); \; p_{kn}\{0\} = 1 - \gamma_n(k)$.

Now, we take $w = (\gamma, u, l, h) \in W$ with $\gamma \in \Gamma$, $u \in (\mathbb{Z}^{d-1})^{\mathbb{Z}}$, $l \in \{0;1\}^{\mathbb{Z}}$, $h \in \{\{0;1\}^m\}^{\mathbb{Z}}$. For $n \in \mathbb{Z}$, let $(\beta_n, I_n, \zeta_n, \xi_n)$ be the canonical process on W:

$$\beta_n(w) = \gamma_n \in [0,1]^m, \; I_n(w) = u_n \in \mathbb{Z}^{d-1}, \; \zeta_n(w) = l_n \in \{0;1\}, \; \xi_{n,j}(w) = h_{n,j} \in \{0;1\}.$$

From $(I_n)_{n\in\mathbb{Z}}$, we define $Z, \tilde{Z}$ as in section 1. Once Z is defined, we construct the horizontal part's increment $\mathcal{E}_i = X_{i+1} - X_i \in \{-1, 0, 1\}$ for $i \geq 0$, as follows. Set $Y_0 = 0$ and assume that $(Y_0, \cdots, Y_i)$ have been constructed. Then,

- On the event $\{Y_i \in_k\}$ $(1 \leq k \leq m)$,

$$\mathcal{E}_i = (2\xi_{n_1(Y_0,\cdots,Y_i),k} - 1) 1_{Z_i = Z_{i+1}},$$

where $n_1(Y_0, \cdots, Y_i) = \inf\{n \leq i, \text{ such that } Y_n = Y_i\}$;

- On the event $\{Y_i \in^m\}$ (i.e. Y_i has been visited more than m times),

$$\mathcal{E}_i = (2\zeta_i - 1) 1_{Z_i = Z_{i+1}}.$$

Note that with these definitions,

$$P_\gamma(Y_{n+1} - Y_n = \pm e_1 | \mathcal{F}_n^Y; Y_n \in_k) = \frac{1 \pm \gamma_k(n_1(Y_0, \cdots, Y_n))}{2d}$$

$$\text{for } k \leq m;$$

$$P_\gamma(Y_{n+1} - Y_n = \pm e_i | \mathcal{F}_n^Y; Y_n \in_k) = \frac{1}{2d} \text{ for } i > 1;$$

$$P_\gamma(Y_{n+1} - Y_n = \pm e_j | \mathcal{F}_n^Y; Y_n \in_k) = \frac{1}{2d} \text{ for } j \geq 1 \text{ and } k > m.$$

Lemma 2.3.2. Under P, the sequence $(Y_n)_{n\geqslant 0}$ is an m-ERWRC with i.i.d environment $\beta = (\beta(y))_{y\in\mathbb{Z}^d}$, with common law μ.

Proof. We begin with giving an expression for the law of the m-ERWRC with i.i.d environment β. Fix $y_0 = 0, y_1, \cdots, y_n \in \mathbb{Z}^d$ and set $\varepsilon_i = (y_{i+1} - y_i).e_1 \in \{0; \pm 1\}$. Then, for an m-ERWRC with i.i.d environment β, we have

$$\mathbb{Q}\mathbb{P}_\beta[Y_0 = y_0; Y_1 = y_1; ...; Y_n = y_n]$$
$$= \mathbb{Q}\left[\left(\frac{1}{2d}\right)^n \prod_{i=0}^{n-1}\prod_{k=1}^{m}(1 + \beta_k(y_i)\varepsilon_i \mathbf{1}_{y_i \in k})\right].$$

We decompose the first product according to the value of the first visit to y_i.

$$\mathbb{Q}\mathbb{P}_\beta[Y_0 = y_0; Y_1 = y_1; ...; Y_n = y_n]$$
$$= \left(\frac{1}{2d}\right)^n \mathbb{Q}\left\{\prod_{n_1=0}^{n-1}\prod_{k=1}^{m}\prod_{j=n_1}^{n-1}\left[1 + \mathbf{1}_{y_{n_1}\notin \cdot}\beta_k(y_{n_1})\varepsilon_j \mathbf{1}_{y_j = y_{n_1}}\mathbf{1}_{y_j \in k}\right]\right\}$$
$$= \left(\frac{1}{2d}\right)^n \prod_{n_1=0}^{n-1}\mathbb{Q}\left\{\prod_{k=1}^{m}\prod_{j=n_1}^{n-1}\left[1 + \mathbf{1}_{y_{n_1}\notin \cdot}\beta_k(y_{n_1})\varepsilon_j \mathbf{1}_{y_j = y_{n_1}}\mathbf{1}_{y_j \in k}\right]\right\}.$$

The last equation comes from the independence of the random variables $\beta_k(y_i)$ for $y_i \notin$. On the other hand, using the construction above,

$$P[Y_0 = y_0; Y_1 = y_1; ...; Y_n = y_n] = \mathbb{Q}\mathbb{P}_\gamma[Y_0 = y_0; Y_1 = y_1; ...; Y_n = y_n]$$
$$= \left(\frac{1}{2d}\right)^n \mathbb{Q}\left\{\prod_{n_1=0}^{n-1}\prod_{k=1}^{m}\prod_{j=n_1}^{n-1}\left[1 + \mathbf{1}_{y_{n_1}\notin \cdot}\gamma_k(n_1)\varepsilon_i \mathbf{1}_{y_j = y_i}\mathbf{1}_{y_i \in k}\right]\right\}$$
$$= \left(\frac{1}{2d}\right)^n \prod_{n_1=0}^{n-1}\mathbb{Q}\left\{\prod_{k=1}^{m}\prod_{j=n_1}^{n-1}\left[1 + \mathbf{1}_{y_i\notin \cdot}\gamma_k(n_1)\varepsilon_i \mathbf{1}_{y_j = y_i}\mathbf{1}_{y_i \in k}\right]\right\}.$$

This finishes the proof of Lemma 2.3.2 since $(\mathbf{1}_{y_{n_1}\notin \cdot}\beta(y_{n_1}))_{n_1=0,\cdots,n-1}$ and $\gamma(n_1)_{n_1=0,\cdots,n-1}$ are two sequences of i.i.d. random vectors with common law μ. □

Now, we denote by $(\theta_k)_{k\in\mathbb{Z}}$ the canonical shift on W, i.e; $\theta_k(w.) = (w_{k+.})$. We set

$$\hat{W} = \Gamma \times (\mathbb{Z}^{d-1})^\mathbb{Z} \bigcap \{0 \in \mathcal{D}\} \times \{0,1\}^\mathbb{Z} \times (\{0,1\}^m)^\mathbb{Z}.$$

On $\hat{W}$ we define $\hat{\theta} := \hat{\theta}_1 = \theta_T$ and $\hat{P} = \int_\Gamma d\mathbb{Q}(\gamma)\hat{P}_\gamma$.

Lemma 2.3.3. (W, θ, P) *is an ergodic dynamical system. As a consequence,* $(\hat{W}, \hat{\theta}, \hat{P})$ *is also an ergodic dynamical system.*

Proof. The idea of proof comes from [BSZ03]. Firstly, we prove that θ is a measure-preserving transformation. Consider a measurable set $A \times B$ of W, where $A \subset \Gamma$, and $B \subset (\mathbb{Z}^{d-1})^{\mathbb{Z}} \times \{0,1\}^{\mathbb{Z}} \times (\{0,1\}^m)^{\mathbb{Z}}$. We have that

$$\theta_k \circ P(A \times B) = P(\theta_k^{-1} A \times \theta_k^{-1} B)$$
$$= \int_{\theta_k^{-1} A} P_\gamma(\theta_k^{-1} B) d\mathbb{Q} = \int_{\theta_k^{-1} A} P_{\theta_k \gamma}(B) d\mathbb{Q}$$
$$= \int_A P_\gamma(B) \, (\theta_k^{-1} \mathbb{Q})(d\gamma) = \int_A P_\gamma(B) \mathbb{Q}(d\gamma)$$
$$= P(A \times B).$$

Now, we prove that θ is ergodic. Let A be a measurable subset of W, invariant under θ and $\varepsilon > 0$. There exists an integer $m_\varepsilon > 0$ and a measurable subset A_ε depending only on $(w_m)_{|m| \leqslant m_\varepsilon}$ such that

$$|E_P[1_A - 1_{A_\varepsilon}]| \leqslant \varepsilon.$$

Then, for $L \geqslant 0$,

$$P(A) = \mathbb{E}_P[1_A 1_A \circ \theta_L] = \mathbb{E}_P[1_{A_\varepsilon} 1_{A_\varepsilon} \circ \theta_L] + c_\varepsilon,$$

with $|c_\varepsilon| \leqslant 2\varepsilon$. For $L > 2m_\varepsilon$,

Because that $p_{kn}(\gamma)$ depend only on γ_n, we prove that the sequence $(\gamma_n, I_n, \zeta_n, \xi_n)_{n \in \mathbb{Z}}$ is the sequence of independent variables under P. Indeed, let $i < j$, $i, j \in \mathbb{Z}$ take two measurable set

$A_i \times B_i$ and $A_j \times B_j$, where $A_i, A_j \subset [0,1]^m$, and $B_i, B_j \subset \mathbb{Z}^{d-1} \times \{0,1\} \times \{0,1\}^m$. We have

$$P\left\{[(\gamma_i, I_i, \zeta_i, \xi_i) \in A_i \times B_i] \bigcap [(\gamma_j, I_j, \zeta_j, \xi_j) \in A_j \times B_j]\right\}$$

$$= \int_\Gamma \mathbb{Q}(d\gamma) 1_{\gamma_i(\gamma) \in A_i, \gamma_j(\gamma) \in A_j} \mathbb{P}_\gamma \left\{[(I_i, \zeta_i, \xi_i) \in B_i] \bigcap [(I_j, \zeta_j, \xi_j) \in B_j]\right\}$$

$$= \int_\Gamma \mathbb{Q}(d\gamma) 1_{\gamma_i(\gamma) \in A_i, \gamma_j(\gamma) \in A_j} \mathbb{P}_\gamma \{(I_i, \zeta_i, \xi_i) \in B_i\} \mathbb{P}_\gamma \{[(I_j, \zeta_j, \xi_j) \in B_j\}$$

$$= \int_\Gamma \mathbb{Q}(d\gamma) 1_{\gamma_i(\gamma) \in A_i} \mathbb{P}_\gamma \{(I_i, \zeta_i, \xi_i) \in B_i\} \cdot \int_\Gamma \mathbb{Q}(d\gamma) 1_{\gamma_j(\gamma) \in A_j} \mathbb{P}_\gamma \{(I_j, \zeta_j, \xi_j) \in B_j\}$$

$$= P\{[(\gamma_i, I_i, \zeta_i, \xi_i) \in A_i \times B_i]\} \cdot P\{[(\gamma_j, I_j, \zeta_j, \xi_j) \in A_j \times B_j]\}$$

So, we get $\mathbb{E}_P[1_{A_\varepsilon} 1_{A_\varepsilon} \circ \theta_L] = P(A_\varepsilon) P(A_\varepsilon \circ \theta_L) = P(A_\varepsilon)^2$. Therefore

$$|P(A) - P(A)^2| \leqslant |P(A) - P(A_\varepsilon)^2| + 2\varepsilon \leqslant 4\varepsilon.$$

Letting ε tend to 0, we have that $P(A) = 0$ or 1. $\square$

Lemma 2.3.4. *For any $d \geqslant 2$, there exists a constant $v(\mathbb{Q}) \geqslant 0$ such that $P-as$, $\lim_{n \to \infty} \frac{X_n}{n} = v(\mathbb{Q})$. For $d \geqslant 6$, $v(\mathbb{Q}) = \frac{\hat{E}(X_T)}{\hat{E}(T)}$.*

Proof. The existence of the limit and the fact that it is deterministic follows from the ergodicity of (W, θ, P). The expression of $v(\mathbb{Q})$ for $d \geqslant 5$ is a consequence of the ergodicity of $(\hat{W}, \hat{\theta}, \hat{P})$, and of the integrability of T w.r.t $\hat{P}$ for $d \geqslant 6$.

Remark : For $d \geqslant 2$, using Theorem 4.6 and 4.8 in [KZ12], we see that the law of large numbers in Lemma 2.3.4 is also true. $\square$

Chapter 3

The results for small dimension

In this chapter, we prove Theorem 1.4.5 and Theorem 1.4.6. We repeat some notations necesary.

- $(Y_n)_{n \in \mathbb{Z}}$ are the cordinate maps on $\mathbb{Z}^d$ and $\mathbb{P}_\beta$ is the law of the excited random walk. The speed is $v = v(\beta)$.

- $(e_1, e_2, ..., e_d)$ is the canonical generators of the group $\mathbb{Z}^d$.

- $\{\tau_n\}$ is the sequence of the regeneration times;

- $X_n = Y_n \cdot e_1$, $Z_n = (Y_n \cdot e_2, Y_n \cdot e_3, ..., Y_n \cdot e_d)$, $\mathcal{E}_n = X_{n+1} - X_n$;

- $\overline{\mathcal{E}}_n = \mathcal{E}_n - \mathbb{E}_\beta \mathcal{E}_n$, $\mathcal{E}'_n = \mathcal{E}_n - v$, $V_n = \sum_{j=0}^{n-1} \frac{\mathcal{E}_j 1_{Y_j \notin}}{1+\beta \mathcal{E}_j}$

- The speed at the time n, the speed of the excited random walk and the derivative of the speed at the time n respectivly are

$$v_n(\beta) = \mathbb{E}_\beta\left(\frac{X_n}{n}\right), \quad v(\beta) = \frac{\hat{\mathbb{E}}_\beta X_\tau}{\hat{\mathbb{E}}_\beta \tau}, \quad \text{and} \quad \frac{\partial v_n}{\partial \beta} = \frac{\mathbb{E}_\beta(X_n V_n)}{n}.$$

- $\overline{X}_n = \sum_{j=0}^{n-1} \overline{\mathcal{E}}_j$, $X'_n = \sum_{j=0}^{n-1} \mathcal{E}'_j$, $a = \hat{\mathbb{E}}_\beta \tau$.

3.1 Proof of Theorem 1.4.5

3.1.1 The existence of the derivative of the speed for $\beta > 0$

Remark 3.1.1. Using regeneration times, we have that

$$\lim_{n\to\infty} v_n(\beta) = v(\beta), \quad 0 = \lim_{n\to\infty} \mathbb{E}_\beta \left(\frac{\overline{X}_n}{n}\right) = \frac{\hat{\mathbb{E}}_\beta \overline{X}_\tau}{\hat{\mathbb{E}}_\beta \tau} = \frac{\hat{\mathbb{E}}_\beta(X_\tau - \sum_{j=0}^{\tau-1} \mathbb{E}_\beta \mathcal{E}_j)}{\hat{\mathbb{E}}_\beta \tau}$$

$$\mathbb{P} - a.s. \lim_{n\to\infty} \frac{X'_n}{n} = \frac{\hat{\mathbb{E}}_\beta X'_\tau}{\hat{\mathbb{E}}_\beta \tau} = \frac{\hat{\mathbb{E}}_\beta(X_\tau - v\tau)}{\hat{\mathbb{E}}_\beta \tau} = 0.$$

We deduce from these equalities that $\hat{\mathbb{E}}_\beta \overline{X}_\tau = 0$ and $\hat{\mathbb{E}}_\beta X_\tau = \hat{\mathbb{E}}_\beta[\sum_{j=0}^{\tau-1}(\mathbb{E}_\beta \mathcal{E}_j)]$.

The existence of the limits of the derivatives at finite times

To prove the point 1 of Theorem 1.4.5, we need the following lemmas :

Lemma 3.1.2.

$$\sup_{n\geqslant 1} \frac{\mathbb{E}_\beta \left(\max_{0\leqslant i\leqslant n} |X'_i|^2\right)}{n} := C_1(\beta) < +\infty \tag{3.1}$$

$$\sup_{n\geqslant 1} \frac{\mathbb{E}_\beta \left(\max_{0\leqslant i\leqslant n} |\overline{X}_i|^2\right)}{n} := C_2(\beta) < +\infty \tag{3.2}$$

Proof. Firstly, we prove that

$$\sup_{n\geqslant 1} \frac{\mathbb{E}_\beta \left(\max_{0\leqslant i\leqslant [na]} |X'_i|^2\right)}{n} := C'_1(\beta) < +\infty \text{ where } a = \hat{\mathbb{E}}_\beta \tau.$$

Set $S'_i = X'_{\tau_i}$, we have that

$$\max_{0\leqslant i\leqslant [na]} X'^2_i \leqslant \max_{0\leqslant i\leqslant [na]} S'^2_i + (\tau_n - [na])^2 + \sum_{j=0}^{n-1}(\tau_{j+1} - \tau_j)^2.$$

Because that $\max_{0\leqslant i\leqslant [na]} X'^2_i$ attains max at i_0 then either $i_0 \in [\tau_n, [na]]$ or there exists j_0 such that $i_0 \in [\tau_{j_0}, \tau_{j_0+1})$ By the inequality as follows

$$(\tau_n - [na])^2 = [(\tau_n - na + na - [na])]^2 \leqslant 2[(\tau_n - na)^2 + 1],$$

we get

$$\mathbb{E}_\beta \left(\max_{0\leqslant i\leqslant [na]} |X'_i|^2\right) \leqslant \max_{0\leqslant i\leqslant n} S'^2_i + 2\mathbb{E}_\beta(\tau^2) + 2(n-1)\hat{\mathbb{E}}_\beta(\tau - a)^2 + (n-1)\hat{\mathbb{E}}_\beta(\tau^2) + 2.$$

Note that $\{S'_i\}$ is the martingale then

$$\mathbb{E}_\beta(\max_{0\leqslant i\leqslant n} S'^2_i) \leqslant 4\mathbb{E}_\beta\left(S'^2_n\right) = 4\mathbb{E}_\beta(X'^2_\tau) + 4(n-1)\hat{\mathbb{E}}_\beta(X'^2_\tau) \leqslant 4\mathbb{E}_\beta(\tau^2) + 4(n-1)\hat{\mathbb{E}}_\beta(\tau^2).$$

Therefore,

$$\sup_{n\geqslant 1} \frac{\mathbb{E}_\beta\left(\max_{0\leqslant i\leqslant [na]} |X'_i|^2\right)}{n} \leqslant \sup_{n\geqslant 1} \left(\frac{4n+2}{n}\hat{\mathbb{E}}_\beta(\tau^2) + \frac{2n-2}{n}\hat{\mathbb{E}}_\beta(\tau-a)^2 + \frac{2}{n}\right) < +\infty.$$

We now consider the sequence of integers $\{p_n\}$ such that $[p_n a] \leqslant n < [(p_n + 1)a]$ then $n/p_n \to a$. We deduce that

$$\sup_{n\geqslant 1} \frac{\mathbb{E}_\beta\left(\max_{0\leqslant i\leqslant n} |X'_i|^2\right)}{n} \leqslant \sup_{n\geqslant 1} \frac{\mathbb{E}_\beta\left(\max_{0\leqslant i\leqslant [(p_n+1)a]} |X'_i|^2\right)}{(p_n+1)} \times \frac{(p_n+1)}{n} \leqslant \infty.$$

It is similar to prove that

$$\sup_{n\geqslant 1} \frac{\mathbb{E}_\beta\left(\max_{0\leqslant i\leqslant n} \overline{X}_i^2\right)}{n} = C_2(\beta) < +\infty;$$

$$\sup_{n\geqslant 1} \frac{\mathbb{E}_\beta\left(\max_{0\leqslant i\leqslant n} V_i^2\right)}{n} = C_3(\beta) < +\infty.$$

$\square$

Lemma 3.1.3.

$$\sup_{n,p\geqslant 1} \frac{\mathbb{E}_\beta\left(\max_{0\leqslant i\leqslant p} \left(X'_{\tau_n+i} - X'_{\tau_n}\right)^2\right)}{p} = C_4(\beta) < +\infty \tag{3.3}$$

$$\sup_{n\geqslant 1} \sup_{0<p\leqslant [n/a]} \frac{\mathbb{E}_\beta\left(\max_{0\leqslant i\leqslant p} \left(X'_{\tau_n} - X'_{\tau_{n-i}}\right)^2\right)}{p} = C_5(\beta) < +\infty. \tag{3.4}$$

We have similarly the result for the sequences $\{\overline{X}_n\}$ and $\{V_n\}$.

Proof. From Lemma 3.1.2 we get

$$\sup_{n\geqslant 1} \frac{\hat{\mathbb{E}}_\beta\left(\max_{0\leqslant i\leqslant n} X'^2_i\right)}{n} \leqslant \sup_{n\geqslant 1} \frac{\mathbb{E}_\beta\left(\max_{0\leqslant i\leqslant n} X'^2_i \mathbf{1}_{D=0}\right)}{n\mathbb{P}(D=0)}$$

$$\leqslant \frac{1}{\mathbb{P}(D=0)} \sup_{n\geqslant 1} \frac{\mathbb{E}_\beta\left(\max_{0\leqslant i\leqslant n} X'^2_i\right)}{p} < +\infty.$$

Therefore

$$\sup_{n,p\geqslant 1} \frac{\mathbb{E}_\beta\left(\max_{0\leqslant i\leqslant p}\left(X'_{\tau_n+i} - X'_{\tau_n}\right)^2\right)}{n} = \sup_{n\geqslant 1}\sup_{p\geqslant 1} \frac{\hat{\mathbb{E}}_\beta\left(\max_{0\leqslant i\leqslant p}\left(X'_i\right)^2\right)}{n}$$

To prove (3.4), we consider
$$\sup_{0<p\leqslant[n/a]} \frac{\mathbb{E}_\beta\left(\max_{0\leqslant i\leqslant[pa]}\left(X'_{\tau_n}-X'_{\tau_{n-i}}\right)^2\right)}{p}$$

For $0 < p \leqslant [n/a]$ then $[pa] \leqslant pa \leqslant (n/a).a = n$. Set $S'_i = X'_{\tau_n} - X'_{\tau_{n-i}}$ so that
$$\max_{0\leqslant i\leqslant[pa]}\left(X'_{\tau_n}-X'_{\tau_{n-i}}\right)^2 \leqslant \max_{0\leqslant i\leqslant p} S'^2_i + \sum_{j=0}^{p-1}(\tau_{n-j}-\tau_{n-j-1})^2 + (\tau_n-\tau_{n-p}-[pa])^2.$$

We deduce from the inequality above that
$$\mathbb{E}_\beta\left[\max_{0\leqslant i\leqslant[pa]}\left(X'_{\tau_n}-X'_{\tau_{n-i}}\right)^2\right]$$
$$\leqslant \mathbb{E}_\beta\left(\max_{0\leqslant i\leqslant p}S'^2_i\right) + \sum_{j=0}^{p-1}\mathbb{E}_\beta(\tau_{n-j}-\tau_{n-j-1})^2 + \mathbb{E}_\beta(\tau_n-\tau_{n-p}-[pa])^2$$
$$\leqslant 4\mathbb{E}_\beta(S'^2_p) + p\hat{\mathbb{E}}_\beta(\tau^2) + 2p\mathbb{E}_\beta[(\tau-a)^2] + 2$$
$$\leqslant 4p\hat{\mathbb{E}}_\beta(X'^2_\tau) + p\hat{\mathbb{E}}_\beta(\tau^2) + 2p\mathbb{E}_\beta[(\tau-a)^2] + 2.$$

Therefore,
$$\sup_{p\geqslant 1}\frac{\mathbb{E}_\beta\left(\max_{0\leqslant i\leqslant[pa]}\left(X'_{\tau_n}-X'_{\tau_{n-i}}\right)^2\right)}{p} := C(\beta) < \infty.$$

Let $p \leqslant [n/a]$ and $0 \leqslant i \leqslant p$, there exists a sequence $\{p_n\}$ such that $[p_n a] < p \leqslant [(p_n+1)a]$. Because that $a \geqslant 1$ and $[p \leqslant [\frac{n}{a}] \leqslant [[\frac{n}{a}]a] \leqslant \frac{n}{a}.a = n$ then $[(p_n+1)a] \leqslant [[\frac{n}{a}]a] \leqslant n$. So, we have
$$\sup_{p\geqslant 1}\frac{\mathbb{E}_\beta\left(\max_{0\leqslant i\leqslant[(p_n+1)a]}\left(X'_{\tau_n}-X'_{\tau_{n-i}}\right)^2\right)}{p}$$
$$\leqslant \sup_{p\geqslant 1}\frac{\mathbb{E}_\beta\left(\max_{0\leqslant i\leqslant[(p_n+1)a]}\left(X'_{\tau_n}-X'_{\tau_{n-i}}\right)^2\right)}{p_n+1}\cdot\frac{p_n+1}{p}$$
$$\leqslant C(\beta).\frac{p+a}{ap} \leqslant C'(\beta) < +\infty.$$

$\square$

Lemma 3.1.4. $\lim_{n\to+\infty}\left|\frac{1}{n}\mathbb{E}_\beta(X'_{\tau_n}V_{\tau_n}) - \frac{1}{n}\mathbb{E}_\beta(X'_{[na]}V_{[na]})\right| = 0.$

Proof. Using the inequality $|(a+\delta)(b+\delta) - ab| \leqslant |a\delta| + |b\delta| + |\delta^2|$, we have that
$$\left|\frac{1}{n}\mathbb{E}_\beta(X'_{\tau_n}V_{\tau_n}) - \frac{1}{n}\mathbb{E}_\beta(X'_{[na]}V_{[na]})\right| \leqslant \frac{1}{n}\mathbb{E}_\beta\left|\sum_{j=[na]}^{\tau_n-1}\mathcal{E}'_j\right|.|V_{\tau_n}|$$

$$+ \frac{1}{n}\mathbb{E}_\beta\left(|X'_{\tau_n}|\cdot\left|\sum_{j=[na]}^{\tau_n-1}\frac{\mathcal{E}_j 1_{Y_j\notin}}{1+\beta\mathcal{E}_j}\right|\right) + \frac{1}{n}\mathbb{E}_\beta\left|\left(\sum_{j=[na]}^{\tau_n-1}\mathcal{E}'_j\right)\cdot\left(\sum_{k=[na]}^{\tau_n-1}\frac{\mathcal{E}_j 1_{Y_j\notin}}{1+\beta\mathcal{E}_j}\right)\right|$$

$$\leqslant \sqrt{\frac{1}{n}\mathbb{E}_\beta\left[\left(\sum_{j=[na]}^{\tau_n-1}\mathcal{E}'_j\right)^2\right]}\cdot\sqrt{\frac{1}{n}\mathbb{E}_\beta[(V_{\tau_n})^2]} + \sqrt{\frac{1}{n}\mathbb{E}_\beta\left[\left(\sum_{j=[na]}^{\tau_n-1}\frac{\mathcal{E}_j 1_{Y_j\notin}}{1+\beta\mathcal{E}_j}\right)^2\right]}\cdot\sqrt{\frac{1}{n}\mathbb{E}_\beta(X'^2_{\tau_n})}$$

$$+\sqrt{\frac{1}{n}\mathbb{E}_\beta\left[\left(\sum_{j=[na]}^{\tau_n-1}\mathcal{E}'_j\right)^2\right]}\cdot\sqrt{\frac{1}{n}\mathbb{E}_\beta\left[\left(\sum_{j=[na]}^{\tau_n-1}\frac{\mathcal{E}_j 1_{Y_j\notin}}{1+\beta\mathcal{E}_j}\right)^2\right]}$$

There exist two finite constants $C(\beta), C'(\beta)$ depending only on β such that

- For all $n \geqslant 1$ then $\frac{1}{n}\mathbb{E}_\beta(V^2_{\tau_n}) = \frac{1}{n}\mathbb{E}_\beta(V^2_\tau) + \frac{n-1}{n}\hat{\mathbb{E}}_\beta(V^2_\tau) \leqslant C(\beta)$;

- For all $n \geqslant 1$ then $\frac{1}{n}\mathbb{E}(X'^2_{\tau_n}) = \frac{1}{n}\mathbb{E}_\beta(X'^2_\tau) + \frac{n-1}{n}\hat{\mathbb{E}}_\beta(X'^2_\tau) \leqslant C'(\beta)$.

We need prove that
$$\lim_{n\to+\infty}\frac{1}{n}\mathbb{E}_\beta\left[\left(\sum_{j=[na]}^{\tau_n-1}\mathcal{E}'_j\right)^2\right] = 0.$$

In fact, we have that

$$\frac{1}{n}\mathbb{E}_\beta\left[\left(\sum_{j=[na]}^{\tau_n-1}\mathcal{E}'_j\right)^2\right] \leqslant \frac{1}{n}\mathbb{E}_\beta\left[(\tau_n-[na])^2 1_{|\tau_n-[na]|\geqslant \varepsilon n}\right] + \frac{1}{n}\mathbb{E}_\beta\left[\left(\sum_{j=[na]}^{\tau_n-1}\mathcal{E}'_j\right)^2 1_{|\tau_n-[na]|<\varepsilon n}\right]$$

$$= L_1 + L_2.$$

Here, L_1, L_2 are respectively the first and the second terms of the site on the right hand. Estimate two terms to get

$$L_1 \leqslant \frac{2}{n}\mathbb{E}_\beta\left[[(\tau_n-na)^2+1]1_{|\tau_n-[na]|\geqslant \varepsilon n}\right]$$
$$\leqslant \sqrt{\frac{1}{n^2}\mathbb{E}_\beta[(\tau_n-na)^4]}.\mathbb{P}\left(|\tau_n-[na]|\geqslant \varepsilon n\right) + \frac{2}{n}\mathbb{P}\left(|\tau_n-[na]|\geqslant \varepsilon n\right).$$

Because $\sup_{n\geqslant 1}\frac{1}{n^2}\mathbb{E}_\beta[(\tau_n-na)^4] < +\infty$ and $\lim_{n\to+\infty}\mathbb{P}\left(|\tau_n-[na]|\geqslant \varepsilon n\right) = 0$ then $\lim_{n\to+\infty} L_1 = 0$. On the other hand

$$L_2 \leqslant \varepsilon.\frac{\mathbb{E}_\beta\left[\max_{0\leqslant i\leqslant \varepsilon n}(X'_{\tau_n}-X'_{\tau_n-i})^2 + \max_{0\leqslant i\leqslant \varepsilon n}(X'_{\tau_n+i}-X'_{\tau_n})^2\right]}{\varepsilon n}$$
$$\leqslant \varepsilon C_4(\beta).$$

For all $\sigma > 0$ choose $\varepsilon = \frac{\sigma}{C_4(\beta)}$ so that $L_2 \leqslant \sigma$.

Then we get
$$\limsup_{n \to +\infty} \frac{1}{n} \mathbb{E}_\beta \left[\left(\sum_{j=[na]}^{\tau_n - 1} \mathcal{E}'_j \right)^2 \right] \leqslant \sigma \text{ for all } \sigma > 0.$$

Therefore
$$\lim_{n \to +\infty} \frac{1}{n} \mathbb{E}_\beta \left[\left(\sum_{j=[na]}^{\tau_n - 1} \mathcal{E}'_j \right)^2 \right] = 0.$$

It is similar to prove that
$$\lim_{n \to +\infty} \frac{1}{n} \mathbb{E}_\beta \left[\left(\sum_{j=[na]}^{\tau_n - 1} \frac{\mathcal{E}_j 1_{Y_j \notin}}{1 + \beta \mathcal{E}_j} \right)^2 \right] = 0.$$

This finishes the proof of Lemma. $\square$

Corollary 3.1.5.
$$\lim_{n \to +\infty} \mathbb{E}_\beta \left[\frac{X'_{[na]} V_{[na]}}{n} \right] = \lim_{n \to +\infty} \mathbb{E}_\beta \left[\frac{X'_{\tau_n} V_{\tau_n}}{n} \right] = \hat{\mathbb{E}}_\beta(X'_\tau V_\tau).$$

We now prove the existence of the limit $\frac{\partial v_n}{\partial \beta}(\beta)$. Let $\{p_n\}$ be the sequence such that $[p_n a] \leqslant n \leqslant [(p_n + 1)a]$ then $\lim_{n \to +\infty} \frac{n}{p_n} = a$. So, we have

$$\left| \mathbb{E}_\beta \left(\frac{X'_n V_n}{n} - \frac{X'_{[p_n a]} V_{[p_n a]}}{n} \right) \right| \leqslant \frac{(n - [p_n a])^2}{n} + \frac{|n - [p_n a]|}{n}.\mathbb{E}_\beta |X'_n| + \frac{|n - [p_n a]|}{n}.\mathbb{E}_\beta |V_n|$$
$$\leqslant \frac{a^2}{n} + a.\mathbb{E}_\beta \left| \frac{X'_n}{n} \right| + a.\mathbb{E}_\beta \left| \frac{V_n}{n} \right|.$$

When n goes to infinitely then $\frac{X'_n}{n}$ and $\frac{V_n}{n}$ go to 0. So that

$$\lim_{n \to +\infty} \mathbb{E}_\beta \left(\frac{X'_n V_n}{n} \right) = \lim_{n \to +\infty} \mathbb{E}_\beta \left(\frac{X'_{[p_n a]} V_{[p_n a]}}{n} \right) = \lim_{n \to +\infty} \mathbb{E}_\beta \left(\frac{X'_{[p_n a]} V_{[p_n a]}}{p_n} \right).\frac{p_n}{n}$$
$$= \hat{\mathbb{E}}_\beta(X'_\tau V_\tau).\frac{1}{a} = \frac{\hat{\mathbb{E}}_\beta(X'_\tau V_\tau)}{\hat{\mathbb{E}}_\beta \tau} = \frac{\hat{\mathbb{E}}_\beta[(X_\tau - \tau v) V_\tau]}{\hat{\mathbb{E}}_\beta \tau}.$$

Therefore,
$$\lim_{n \to +\infty} \frac{\partial v_n}{\partial \beta}(\beta) = \lim_{n \to +\infty} \mathbb{E}_\beta \left(\frac{X_n V_n}{n} \right) = \lim_{n \to +\infty} \mathbb{E}_\beta \left(\frac{X'_n V_n}{n} \right) = \frac{\hat{\mathbb{E}}_\beta[(X_\tau - \tau v) V_\tau]}{\hat{\mathbb{E}}_\beta \tau}. \quad (3.5)$$

Girsanov transform

In this section we prove the existence of the speed using the Girsanov transform. Firstly, we need a lemma as follows :

Lemma 3.1.6. *For all $\sigma \in (0,1]$ then*

$$\sup_{t\in[\sigma,1]} \mathbb{P}_t(\tau > n) \leqslant Ce^{n^{-\alpha}}.$$

Where C, α are positive constants depending only on σ.

Proof. To prove this lemma, repeating the proof of Lemma 1.3.4 (see in [MPRV12]) with note that the constants λ, h, r in [MPRV12] of general excited random walk depending only on σ for a excited random walk with the law $\mathbb{P}_t$ where $t \in [\sigma, 1]$. □

Let $\beta_0, \beta \in (0, 1]$ and we set

$$M_n(\beta) := \frac{d\mathbb{P}_\beta}{d\mathbb{P}_0}|_{\mathcal{F}_n} = \prod_{i=0}^{n-1}(1 + \beta \mathcal{E}_i 1_{Y_n \notin})$$

$$M_n(\beta, \beta_0) := \frac{d\mathbb{P}_\beta}{d\mathbb{P}_{\beta_0}}|_{\mathcal{F}_n} = \prod_{i=0}^{n-1}\left(\frac{1 + \beta \mathcal{E}_i 1_{Y_i \notin}}{1 + \beta_0 \mathcal{E}_i 1_{Y_i \notin}}\right)$$

To prove the existence of the speed we need the following lemma

Lemma 3.1.7. *Consider a σ−algebra $\mathcal{F}_\tau$ that is defined by*

$$\mathcal{F}_\tau = \{A \in \mathcal{F} : \forall n, \exists B_n \in \mathcal{F}_n \text{ such that } A \cap \{\tau = n\} = \mathcal{B}_n \cap \{\tau = n\}\}.$$

then τ is $\mathcal{F}_\tau$−mesurable, $(D = \infty) \in \mathcal{F}_\tau$ and

$$\frac{d\mathbb{P}_\beta}{d\mathbb{P}_{\beta_0}}|_{\mathcal{F}_\tau} = M_\tau(\beta, \beta_0) \cdot \frac{\mathbb{P}_\beta(D = \infty)}{\mathbb{P}_0(D = \infty)} \tag{3.6}$$

Proof. We see that $(\tau = n) = \Omega \cap (\tau = n)$ and $\Omega \in \mathcal{F}_n$ for all n then by definition of $\mathcal{F}_\tau$ we have $(\tau = n) \in \mathcal{F}_\tau$, it means that τ is $\mathcal{F}_\tau$−mesurable. It is clear that $(D = \infty) = (D \geqslant \tau)$ so that $(D = \infty) \cap (t = n) = (D \geqslant n) \cap (\tau = n)$. Because that $(D \geqslant n) \in \mathcal{F}_n$ then we deduce

$(D = \infty) \in \mathcal{F}_\tau$. Now we prove 3.6, for all $A \in \mathcal{F}_\tau$ then

$$\mathbb{P}_\beta(A) = \sum_{n=1}^{\infty} \mathbb{P}(A, \tau = n) = \sum_{n=1}^{\infty} \mathbb{P}(B_n, \tau = n) = \sum_{n=1}^{\infty} \sum_{\omega_n \in B_n} \mathbb{P}(\omega_n, \tau = n)$$

$$= \sum_{n=1}^{+\infty} \sum_{\omega_n \in B_n} 1_{\omega_n, \tau=n} M_n(\beta)(\omega_n) \mathbb{P}_\beta(D=\infty) = \sum_{n=1}^{+\infty} \sum_{\omega_n \in B_n} 1_{\omega_n, \tau=n} M_n(\beta)(\omega) \mathbb{P}_\beta(D=\infty)$$

$$= \sum_{n=1}^{+\infty} \sum_{\omega_n \in B_n} 1_{\omega_n, \tau=n} M_n(\beta_0)(\omega) \mathbb{P}_{\beta_0}(D=\infty) . M_\tau(\beta, \beta_0) d\mathbb{P}_{\beta_0} \frac{\mathbb{P}_\beta(D=\infty)}{\mathbb{P}_{\beta_0}(D=\infty)}$$

$$= \sum_{n=1}^{+\infty} \int_{B_n, \tau=n} M_\tau(\beta, \beta_0) d\mathbb{P}_{\beta_0} \frac{\mathbb{P}_\beta(D=\infty)}{\mathbb{P}_{\beta_0}(D=\infty)} = \mathbb{E}_{\beta_0}[1_A M_\tau(\beta, \beta_0) d\mathbb{P}_{\beta_0}] . \frac{\mathbb{P}_\beta(D=\infty)}{\mathbb{P}_{\beta_0}(D=\infty)}.$$

So, we get

$$\frac{d\mathbb{P}_\beta}{d\mathbb{P}_{\beta_0}}|_{\mathcal{F}_\tau} = M_\tau(\beta, \beta_0) . \frac{\mathbb{P}_\beta(D=\infty)}{\mathbb{P}_{\beta_0}(D=\infty)}$$

and

$$\frac{d\hat{\mathbb{P}}_\beta}{d\hat{\mathbb{P}}_{\beta_0}}|_{\mathcal{F}_\tau} = M_\tau(\beta, \beta_0).$$

A direct consequence is that

$$\hat{\mathbb{E}}_{\beta_0}[M_\tau(\beta, \beta_0)] = 1 \text{ and } \mathbb{E}_{\beta_0}[M_\tau(\beta, \beta_0)] = \frac{\mathbb{P}_\beta(D=\infty)}{\mathbb{P}_{\beta_0}(D=\infty)}.$$

Using the Girsanov transform, we get the formular of the speed :

$$v(\beta) = \frac{\hat{\mathbb{E}}_\beta X_\tau}{\hat{\mathbb{E}}_\beta \tau} = \frac{\hat{\mathbb{E}}_{\beta_0}[X_\tau M_\tau(\beta, \beta_0)]}{\hat{\mathbb{E}}_{\beta_0}[\tau M_\tau(\beta, \beta_0)]}$$

On the other hand,

$$\frac{\partial}{\partial \beta}[M_\tau(\beta, \beta_0)] = \frac{\partial}{\partial \beta}\left[\prod_{i=0}^{\tau-1}\left(\frac{1+\beta \mathcal{E}_i 1_{Y_i \notin}}{1+\beta_0 \mathcal{E}_i 1_{Y_i \notin}}\right)\right] = \left[\sum_{i=0}^{\tau-1}\left(\frac{\mathcal{E}_i 1_{Y_i \notin}}{1+\beta_0 \mathcal{E}_i 1_{Y_i \notin}}\right)\right] M_\tau(\beta, \beta_0).$$

Set $V_\tau = \sum_{i=0}^{\tau-1}\left(\frac{\mathcal{E}_i 1_{Y_i \notin}}{1+\beta_0 \mathcal{E}_i 1_{Y_i \notin}}\right)$ then

$$\int_{\beta_0}^{\beta} M_\tau(t, \beta_0) V_\tau(t) dt = \int_{\beta_0}^{\beta} \frac{\partial}{\partial t} M_\tau(t, \beta_0) dt = M_\tau(\beta, \beta_0) - M_\tau(\beta_0, \beta_0) = M_\tau(\beta, \beta_0) - 1.$$

Therefore,

$$v(\beta) = \frac{\hat{\mathbb{E}}_{\beta_0}\left[X_\tau \left(1 + \int_{\beta_0}^{\beta} M_\tau(t, \beta_0) V_\tau(t) dt\right)\right]}{\hat{\mathbb{E}}_{\beta_0}\left[\tau \left(1 + \int_{\beta_0}^{\beta} M_\tau(t, \beta_0) V_\tau(t) dt\right)\right]}$$

To prove the existence of the derivative, we apply the Fubini's theorem as follows :

Theorem 3.1.8 (Fubini's theorem). *Let μ, ν be the σ-finite mesures. If either*

$$\int_A \left(\int_B |f(x,y)|\nu(dy)\right) \mu(dx) < +\infty \text{ or } \int_B \left(\int_A |f(x,y)|\mu(dx)\right) \nu(dy) < +\infty$$

then $\int_{A\times B} f(x,y)(\mu \times \nu)(dxdy) < +\infty$ and

$$\int_{A\times B} f(x,y)(\mu \times \nu)(dxdy) = \int_A \left(\int_B f(x,y)\nu(dy)\right) \mu(dx) < +\infty \int_B(\int_A f(x,y)\mu(dx))\nu(dy).$$

To apply the Fubini's theorem, let $\beta \in (\beta_0 - \delta, \beta_0 + \delta) \subset (0,1)$ we observe that

$$\beta_0^\beta(\mathbb{E}_{\beta_0}|X_\tau V_\tau M_\tau|)dt \leqslant \int_{\beta_0}^{\beta} \mathbb{E}_{\beta_0}\left(\tau^2 M_\tau \frac{1}{1-t}\right) dt$$

$$\leqslant \frac{1}{1-\beta_0-\delta} \int_{\beta_0}^{\beta} [\mathbb{E}_t(\tau^2)] dt < +\infty.$$

The last inequality above is implied since $\sup_{t\in(\beta_0-\delta,\beta_0+\delta)} \mathbb{P}_t(\tau > n) \leqslant Ce^{-n^\alpha}$ then

$$\sup_{t\in(\beta_0-\delta,\beta_0+\delta)} \mathbb{E}_t(\tau^2) < +\infty.$$

It remains to prove that $\hat{\mathbb{E}}_{\beta_0}(X_\tau V_\tau) M_\tau)$ is continuous in β, this is true if let an interval $J \subset (0,1)$ we have that $\{(X_\tau V_\tau M_\tau)\}_{\beta\in J}$ is uniformly integrable. Let $\beta_1 \in J$, observe that

- $|X_\tau V_\tau M_\tau| \leqslant C\tau^2 M_\tau$ for some constant C;
- $\lim_{\beta\to\beta_1}(\tau^2 M_\tau)(\beta) = \tau^2 M_\tau(\beta_1)$;
- $\lim_{\beta\to\beta_1} \hat{\mathbb{E}}_{\beta_0}[(\tau^2 M_\tau)(\beta)] = \hat{\mathbb{E}}_{\beta_0}[(\tau^2 V_\tau M_\tau)(\beta_1)]$.

Indeed, $\hat{\mathbb{E}}_{\beta_0}[(\tau^2 M_\tau)(\beta)] = \hat{\mathbb{E}}_{\beta_0}\left[\int_{\beta_1}^{\beta}(\tau^2 V_\tau M_\tau)(t)dt\right] + \hat{\mathbb{E}}_{\beta_0}[(\tau^2 V_\tau M_\tau)(\beta_1)]$ and

$$\hat{\mathbb{E}}_{\beta_0}\left[\int_{\beta_1}^{\beta}(\tau^2 V_\tau M_\tau)(t)dt\right] = \int_{\beta_1}^{\beta} \hat{\mathbb{E}}_{\beta_0}\left[(\tau^2 V_\tau M_\tau)(t)\right] dt$$

$$\leqslant \int_{\beta_1}^{\beta} \hat{\mathbb{E}}_t(\tau^3) dt \leqslant C(\beta - \beta_1) \to 0 \text{ as } \beta \to \beta_1.$$

From the observation above we imply that $\{\tau^2 M_\tau\}_{\beta\in J}(\beta)$ and also $\{X_\tau V_\tau M_\tau\}_{\beta\in J}(\beta)$ is uniformly integrable then $\hat{\mathbb{E}}_{\beta_0}[(X_\tau V_\tau M_\tau)(\beta)]$ is continuous. $\square$

We rewrite the formular of the speed :

$$v(\beta) = \frac{\hat{\mathbb{E}}_{\beta_0}\left[X_\tau\left(1+\int_{\beta_0}^{\beta}M_\tau(t,\beta_0)V_\tau(t)dt\right)\right]}{\hat{\mathbb{E}}_{\beta_0}\left[\tau\left(1+\int_{\beta_0}^{\beta}M_\tau(t,\beta_0)V_\tau(t)dt\right)\right]} = \frac{\hat{\mathbb{E}}_{\beta_0}X_\tau + \int_{\beta_0}^{\beta}[\mathbb{E}_{\beta_0}(X_\tau M_\tau(t,\beta_0)V_\tau(t)dt)]}{\hat{\mathbb{E}}_{\beta_0}\tau + \int_{\beta_0}^{\beta}[\mathbb{E}_{\beta_0}(\tau M_\tau(t,\beta_0)V_\tau(t)dt)]}$$

Set $A := \hat{\mathbb{E}}_{\beta_0}X_\tau + \int_{\beta_0}^{\beta}[\mathbb{E}_{\beta_0}(X_\tau M_\tau(t,\beta_0)V_\tau(t)dt)]$ and $B := \hat{\mathbb{E}}_{\beta_0}\tau + \int_{\beta_0}^{\beta}[\mathbb{E}_{\beta_0}(\tau M_\tau(t,\beta_0)V_\tau(t)dt)]$
Taking the derivative we obtain :

$$\frac{\partial v}{\partial \beta}(\beta) = \frac{\mathbb{E}_{\beta_0}(X_\tau M_\tau(\beta,\beta_0)V_\tau(\beta))B - \mathbb{E}_{\beta_0}(\tau M_\tau(\beta,\beta_0)V_\tau(\beta))A}{B^2}.$$

As $\beta = \beta_0$,

$$\frac{\partial v}{\partial \beta}(\beta_0) = \frac{\mathbb{E}_{\beta_0}(X_\tau V_\tau(\beta_0))\hat{\mathbb{E}}_{\beta_0}\tau - \mathbb{E}_{\beta_0}(\tau V_\tau(\beta_0))\hat{\mathbb{E}}_{\beta_0}X_\tau}{(\hat{\mathbb{E}}_{\beta_0}\tau)^2}.$$

Therefore, for all $\beta \in (0,1)$ we have

$$\frac{\partial v}{\partial \beta}(\beta) = \frac{\mathbb{E}_\beta(X_\tau V_\tau)\hat{\mathbb{E}}_\beta\tau - \mathbb{E}_\beta(\tau V_\tau)\hat{\mathbb{E}}_\beta X_\tau}{(\hat{\mathbb{E}}_\beta\tau)^2} = \frac{\mathbb{E}_\beta[(X_\tau - v\tau)V_\tau]\hat{\mathbb{E}}_\beta\tau}{(\hat{\mathbb{E}}_\beta\tau)}. \tag{3.7}$$

From 3.5 and 3.7 we get that

$$\lim_{n\to+\infty}\frac{\partial v_n}{\partial \beta}(\beta) = \frac{\partial v}{\partial \beta}(\beta) = \frac{\mathbb{E}_\beta[(X_\tau - v\tau)V_\tau]\hat{\mathbb{E}}_\beta\tau}{(\hat{\mathbb{E}}_\beta\tau)}.$$

It is similar to prove that for $k \geqslant 1$ and $\beta > 0$, there exists a k-th derivative of the speed such that

$$\lim_{n\to+\infty}\frac{\partial^k v_n}{\partial \beta^k}(\beta) = \frac{\partial^k v}{\partial \beta^k}(\beta).$$

If we write the speed in the form $v(\beta) = \frac{\beta}{d}\cdot\frac{\hat{\mathbb{E}}_\beta N_\tau}{\hat{\mathbb{E}}_\beta\tau}$, we can get the formular 1.4 of the derivative. We proved the first point of Theorem 1.4.5.

3.1.2 The existence of the derivative at the critical point 0

We denote the event $\{Y_n \notin \{Y_{n-1},Y_{n-2},...,Y_{n-k}\}\}$ by $\{Y_n \notin_k\}$ with the convention that if $n \leqslant k$ then the event $\{Y_n \notin \{Y_{n-1},Y_{n-2},...,Y_{n-k}\}\}$ is the event $\{Y_n \notin\}$. Set $N_n^{(k)} := 1_{Y_0 \notin_k} + 1_{Y_1 \notin_k} + ... + 1_{Y_{n-1} \notin_k}$. We need the following lemma :

Lemma 3.1.9. *There exists a non negative constant $N^{(k)}(\beta)$ such that $\mathbb{P}_\beta$-a.s.*

$$\lim_{n\to\infty}\frac{N_n^{(k)}}{n} = N^{(k)}(\beta).$$

Proof. The above result is easy to verify by considering two following cases :

If $\beta > 0$ then there exists a sequence of renewal times $\{\tau_n\}$ and the sequence $\{N^{(k)}_{\tau_n} - N^{(k)}_{\tau_{n-1}}\}$ is independent. It is similar as the law of large number for $\frac{X_n}{n}$ we also have

$$\lim_{n\to\infty} \frac{N_n^{(k)}}{n} = N^{(k)}(\beta).$$

If $\beta = 0$ then $((\mathbb{Z}^d)^\mathbb{N}, \theta, \mathbb{P}_0)$ is a system ergodic where $Y_n \circ \theta = Y_{n+1} - Y_1$. For $n \geqslant k$ then $\{Y_n \notin_k\} = \{Y_k \circ \theta^{n-k} \notin_k\}$, therefore

$$\lim_{n\to\infty} \frac{N_n^{(k)}}{n} = \lim_{n\to\infty} \frac{\sum_{j=0}^{k-1} 1_{Y_j \notin} + \sum_{i=0}^{n-k-1} 1_{Y_k \circ \theta^i \notin_k}}{n}$$

$$= \lim_{n\to\infty} \frac{\sum_{i=0}^{n-k-1} 1_{Y_k \circ \theta^i \notin_k}}{n-k} \cdot \frac{n-k}{n} = \mathbb{P}_0(Y_k \notin).$$

$\square$

Observe that when k increases then $1_{Y_n \notin_k}$ decreases and $\lim_{k\to\infty} 1_{Y_n \notin_k} = 1_{Y_n \notin}$. Set $N_n = 1_{Y_0 \notin} + 1_{Y_1 \notin} + ... + 1_{Y_{n-1} \notin}$ then $\mathbb{P}_\beta$–a.s. we have $N(\beta) := \lim_{n\to\infty} \frac{N_n}{n}$. We will prove a result as follows :

Lemma 3.1.10. *When k tend to infinity, $N^{(k)}(\beta)$ decreases to $N(\beta)$ and uniformly for $d \geqslant 4$.*

Proof. Indeed, we have

$$|\mathbb{P}_\beta(Y_n \notin_k) - \mathbb{P}_\beta(Y_n \notin)| = \mathbb{P}_\beta[(Y_n \notin_k) \cap [(Y_n = Y_{n-k-1}) \cup (Y_n = Y_{n-k-2})... \cup (Y_n = Y_0)]]$$

$$\leqslant \sum_{j=0}^{n-k-1} \mathbb{P}_\beta(Y_n = Y_j) \leqslant \sum_{j=0}^{n-k-1} \mathbb{P}_\beta(Z_n = Z_j) = \mathbb{P}(Z_{k+1} = 0) + \mathbb{P}(Z_{k+2} = 0) + ... + \mathbb{P}(Z_n = 0)$$

$$\leqslant \sum_{j=k+1}^{\infty} \mathbb{P}(Z_j = 0). \tag{3.8}$$

Set $\eta_i = 1_{Z_i = Z_{i+1}}$ and $U = \sum_{i=0}^{n-1} \eta_i$. We define $(\tilde{Z}_k)_{k\in\mathbb{Z}}$ as the sequence of "moves" of Z, see (2.1). Using [Spi01], page 75, we obtain $\mathbb{P}(\tilde{Z}_i = 0) \sim i^{-\frac{d-1}{2}}$. We have

$$\mathbb{P}(Z_n = 0) = \sum_{k=0}^{n} \mathbb{P}(\tilde{Z}_k = 0).C_n^{n-k}\left(\frac{1}{d}\right)^{n-k}\left(\frac{d-1}{d}\right)^k$$

$$= \sum_{k=0}^{\frac{n}{2d}} \mathbb{P}(\tilde{Z}_k = 0).C_n^{n-k}\left(\frac{1}{d}\right)^{n-k}\left(\frac{d-1}{d}\right)^k + \sum_{k=\frac{n}{2d}+1}^{n} \mathbb{P}(\tilde{Z}_k = 0).C_n^{n-k}\left(\frac{1}{d}\right)^{n-k}\left(\frac{d-1}{d}\right)^k.$$

We estimate the first term :

$$\sum_{k=0}^{\frac{n}{2d}} \mathbb{P}(\tilde{Z}_k = 0).C_n^{n-k}\left(\frac{1}{d}\right)^{n-k}\left(\frac{d-1}{d}\right)^k \leq \sum_{k=0}^{\frac{n}{2d}} C_n^{n-k}\left(\frac{1}{d}\right)^{n-k}\left(\frac{d-1}{d}\right)^k$$

$$= \mathbb{P}\left(\frac{U - n.\frac{1}{d}}{\sqrt{n}} \leq \frac{-\sqrt{n}}{2d}\right) \sim \int_{-\infty}^{-\frac{\sqrt{n}}{2d}} \frac{1}{\sqrt{2\pi}} e^{-\frac{x^2}{2}} dx \text{ converging to 0 when } n \to \infty.$$

On the other hand

$$\sum_{k=\frac{n}{2d}+1}^{n} \mathbb{P}(\tilde{Z}_k = 0).C_n^{n-k}\left(\frac{1}{d}\right)^{n-k}\left(\frac{d-1}{d}\right)^k \sim C.n^{-\frac{d-1}{2}}$$

since

$$\frac{1}{2} \leq \sum_{k=\frac{n}{2d}+1}^{n} C_n^{n-k}\left(\frac{1}{d}\right)^{n-k}\left(\frac{d-1}{d}\right)^k \leq 1$$

and

$$\mathbb{P}(\tilde{Z}_k = 0) \sim C'.n^{-\frac{d-1}{2}} \text{ for } \frac{n}{2d} \leq k \leq n.$$

From (3.8) we get,

$$|\mathbb{P}_\beta(Y_n \not\in_k) - \mathbb{P}_\beta(Y_n \not\in)| \leq C \sum_{j=k+1}^{\infty} j^{-\frac{d-1}{2}}.$$

It implies

$$\left|\mathbb{E}_\beta\left(\frac{N_n^{(k)}}{n}\right) - \mathbb{E}_\beta\left(\frac{N_n}{n}\right)\right| \leq \frac{1}{n}\sum_{i=0}^{n-1} |\mathbb{P}_\beta(Y_i \not\in_k) - \mathbb{P}_\beta(Y_i \not\in)|$$

$$\leq C \sum_{j=k+1}^{\infty} j^{-\frac{d-1}{2}}.$$

Let n converge to infinity then $|N^k(\beta) - N(\beta)| \leq C\sum_{j=k+1}^{\infty} j^{-\frac{d-1}{2}}$. If $d \geq 4$ then N^k converges uniformly to N in β. $\square$

Now, we return to the proof of the point 2 of Theorem 1.4.5. By $\frac{v(\beta)}{\beta} = N(\beta)$, to prove the existence of the derivative at 0 we need to prove that $N(\beta)$ is continuous at 0. It is known that N^k converges uniformly to N in β for $d \geq 4$, then there is just one thing left is to show that $N^k(\beta)$ is continuous at 0. Indeed,

$$|\mathbb{P}_\beta(Y_n \notin_k) - \mathbb{P}_0(Y_n \notin_k)|$$
$$= \left|\mathbb{E}_0\left[1_{Y_n\notin_k}\prod_{j=0}^{n-1}(1+\mathcal{E}_j\beta 1_{Y_j\notin})\right] - \mathbb{E}_0\left[1_{Y_n\notin_k}\prod_{j=0}^{n-k}(1+\mathcal{E}_j\beta 1_{Y_j\notin})\right]\right|$$
$$\leq \mathbb{E}_0\left[1_{Y_n\notin_k}\prod_{j=0}^{n-k}(1+\mathcal{E}_j\beta 1_{Y_j\notin})\left|\prod_{j=n-k+1}^{n-1}(1+\mathcal{E}_j\beta 1_{Y_j\notin}) - 1\right|\right]$$
$$\leq [(1+\beta)^{k-1} - 1]\mathbb{E}_0\left[1_{Y_n\notin_k}\prod_{j=0}^{n-k}(1+\mathcal{E}_j\beta 1_{Y_j\notin})\right] = [(1+\beta)^{k-1} - 1]\mathbb{P}_0(Y_n \notin_k)$$
$$\leq [(1+\beta)^{k-1} - 1].$$

Hence, $\left|\mathbb{E}_\beta\left(\frac{N_n^{(k)}}{n}\right) - \mathbb{E}_0\left(\frac{N_n^{(k)}}{n}\right)\right| \leq [(1+\beta)^{k-1} - 1]$ and $|N^k(\beta) - N^k(0)| \leq [(1+\beta)^{k-1} - 1]$. This implies that $N^k(\beta)$ is continuous at 0. Therefore, for $d \geq 4$ then

- $N^k(\beta)$ converges uniformly to $N(\beta)$ when $k \to \infty$,

- $N^k(\beta)$ is continuous for every $k > 1$.

We deduce that $N(\beta)$ is continuous at 0, it means that

$$\lim_{\beta\to 0}\frac{v(\beta)}{\beta} = \frac{1}{d}N(0) = \frac{1}{d}\lim_{n\to\infty}\frac{R_n}{n} = \frac{1}{d}R(0).$$

Notice that $R_n = \mathbb{E}_0(N_n)$

For $d = 2$, $R(0) = N(0) = 0$, see in [LGR91]. Let $\sigma > 0$, on one hand, since $N^k(0)$ decreases to $N(0)$ when $k \to \infty$ then there exists k_0 such that $N^k(0) < \sigma$ for all $k \geq k_0$. On the other hand, $N^{k_0}(\beta)$ is continuous at 0 then there exists $\beta_0 > 0$ such that $|N^{k_0}(\beta) - N^{k_0}(0)| < \sigma$ for all $\beta < \beta_0$. Since $N(\beta) \leq N^{k_0}(\beta)$, $N(\beta) \leq N^{k_0}(\beta) \leq N^{k_0}(0) + \sigma < 2\sigma$ for all $\beta < \beta_0$. This implies that $\lim_{\beta\to 0} N(\beta) = N(0) = 0$. Therefore $\lim_{\beta\to 0}\frac{v(\beta)}{\beta} = 0$.

For $d = 3$, because of $N(\beta) \leq N^k(\beta)$ for all $k > 1$ then

$$\limsup_{\beta\to 0} N(\beta) \leq \lim_{k\to\infty}\limsup_{\beta\to 0} N^k(\beta) = \lim_{k\to\infty} N^k(0) = \frac{1}{d}R(0).$$

3.2 The proof of Theorem 1.4.6

3.2.1 The monotonicity of the range of the simple random walk

Let $\mathbb{P}_\beta^s$ be the law of the simple random walk with the drift β on $\mathbb{Z}^d$ starting from 0 ($Y_0 := 0$ under $\mathbb{P}_\beta^s - a.s.$). The range of the random walk at the time n is : $R_n(\beta) = 1_{Y_0 \notin} + 1_{Y_1 \notin} + ... + 1_{Y_n \notin}$ the number of points visited at the time n. Set $R(\beta) = \lim_{n \to \infty} \frac{\mathbb{E}_\beta R_n}{n}$. We will prove that $R(\beta)$ is increasing in $\beta \in [0, 1]$.

Firstly, for the range of the simple random walk, we have a known result as follows (see [Spi01], [DE51]) :

$$R(\beta) = \mathbb{P}_\beta^s[Y_0 \notin Y_{[1,\infty)}]$$

Then, we obtain :

$$1 - R(\beta) = \mathbb{P}_\beta^s[\exists n > 0 \text{ such that } Y_n = Y_0 = 0]$$

$$= \mathbb{P}_\beta^s \left\{ \bigcup_{k=1}^{\infty} [Y_{2k} = 0 \text{ and } 0 \notin Y_{[1,2k)}] \right\}$$

$$= \sum_{k=1}^{\infty} \mathbb{P}_\beta^s \left\{ [Y_{2k} = 0 \text{ and } 0 \notin Y_{[1,2k)}] \right\}. \tag{3.9}$$

On the other hand, we see that the trajectories with $2k$ steps $\{y_0 = 0, y_1, y_2, ..., y_{2k-1}, y_{2k} = 0\}$ start from the origin and return at the origin at the time $2k$ whose number of jumps to the left equal to the number of jumps to right that we denote equal to a_1. Therefore

$$\mathbb{P}_\beta^s \left\{ [Y_{2k} = 0 \text{ et } 0 \notin Y_{[1,2k)}] \right\}$$

$$= \sum_{\{y_0=0, y_1, ..., y_{2k}=0\}} \left(\frac{1+\beta}{2d} \right)^{a_1} \left(\frac{1-\beta}{2d} \right)^{a_1} \left(\frac{1}{2d} \right)^{a_2} \text{ where } 2a_1 + a_2 = 2k$$

$$= \sum \left(\frac{1-\beta^2}{(2d)^2} \right)^{a_1} \left(\frac{1}{2d} \right)^{a_2}. \tag{3.10}$$

From (3.9) and (3.10), we imply that $1 - R(\beta)$ is decreasing then $R(\beta)$ is increasing in β.

3.2.2 The monotonicity of the speed of excited random walk with several identical cookies

We construct two random walks, the stationary random walk $\{\overline{Y}_n\}$ and the $m-$excited random walk $\{Y_n\}$ as the coupling in the section 1.3.4. We assume in this section that all of variables are defined on the probability space $(\Omega, \mathcal{F}, \mathbb{P})$ that is contructed similarly as in the section 2.1.1 with the canonical shift $\{\theta_k\}_{k \in \mathbb{Z}}$ where $\theta := \theta_1$ and three sequences of random variables $\{\eta_i\}_{i \geq 0}, \{\xi_i\}_{i \geq 0}$ and $\{\zeta_i\}_{i \geq 0}$. Set $\mathcal{D}(\omega) = \{n \in \mathbb{Z}, X_{(-\infty, n-1]}(\omega) < X_n(\omega) \leq X_{[n, +\infty)}(\omega)\}$ and $N(\omega, dk) = \sum_{n \in \mathbb{Z}} \sigma_n(dk) 1_{n \in \mathcal{D}(\omega)}$. We consider

$$W = \{\omega \in \Omega, N(\omega, (-\infty, 0]) = N(\omega, [0, +\infty)) = \infty\}.$$

Let $\{\tau_n\}$ be the sequence of renewal times of the walk $\{\overline{Y}_n\}$ such that $-\infty < ... < \tau_{-2} < \tau_{-1} < \tau_0 \leq 0 < \tau_1 < \tau_2 < ... < +\infty$. By the contruction of $\{\overline{Y}_n\}$, the speed is following :

$$\overline{v}(\beta) = \lim_{n \to \infty} \frac{X_n}{n} = \frac{\beta}{d} \mathbb{P}(Z_n \notin).$$

Using the idea of proof in [MPRV12] to have that, when $d \geq 4$ we have $\overline{v}(\beta) > 0$ and

Lemma 3.2.1. *Let $(\overline{Y}_n)_{n \in \mathbb{Z}}$ be a stationary random walk with drift $\beta \in [0, 1]$ fixed and $(\tau_k, k \in \mathbb{Z})$ is the sequence of the renewal times respectively. Then, there exists $C, \alpha > 0$ such that for every $n \in \mathbb{Z}$,*

$$\sup_{k \in \mathbb{Z}} \mathbb{P}_\beta[\tau_{k+1} - \tau_k | \mathcal{G}_0^{(k)}] \leq Ce^{-n^\alpha} \ p.s.$$

In particular, for every $k \in \mathbb{Z}$ et $p \geq 1$ we have that $\tau_k < \infty \ p.s$ and $\mathbb{E}_\beta[(\tau_{k+1} - \tau_k)^p] < \infty$.

Set $\overline{D}_+ = \{\overline{X}_n \geq 0 \text{ for all } n \geq 0\}, \overline{D}_- = \{\overline{X}_n < 0 \text{ for all } n < 0\}, D = \overline{D}_+ \cap \overline{D}_-$ and $\hat{\theta} = \theta_\tau$. It is similar as for simple random walk with drif β, we believe that : $\mathbb{P}(\overline{D}_+) = c_1(\beta)\beta^2, \mathbb{P}(\overline{D}_-) = c_2(\beta)\beta^2$ where for some positive constants c_0, c_3 then $c_0 \leq c_1(\beta), c_2(\beta) \leq c_3$. In fact, we don't use these properties for the proof of Theorem 1.4.6 then we don't prove them. To prove Theorem 1.4.6, we need one more lemma as follows :

Lemma 3.2.2. $\mathbb{P}(D) > 0$ *and $\mathbb{P}(W) = 1$. Under $\hat{\mathbb{P}}(.) = \mathbb{P}(.|\overline{D}_+, \overline{D}_-)$ i.e $\tau_0 = 0$ the sequence $\{\tau_{n+1} - \tau_n\}_{n \in \mathbb{Z}}$ is stationary. Morever, the triples $(\Omega, \mathbb{P}, \theta)$ and $(\Omega, \hat{\mathbb{P}}, \hat{\theta})$ are ergodic systems.*

Proof. The random walk $\overline{Y}$ has these speeds :

$$\overline{v}(\beta) = \lim_{n \to +\infty} \frac{\overline{Y}_n.e_1}{n} = \frac{\beta}{d}.\mathbb{P}(Z_0 \notin) > 0 \text{ and } \overline{v}_-(\beta) = \lim_{n \to -\infty} \frac{\overline{Y}_n.e_1}{n} = -\frac{\beta}{d}.\mathbb{P}(Z_0 \notin) < 0.$$

Using the idea in [MPRV12] we get $\mathbb{P}(D) > 0$. Because $\overline{Y}$ is stationnary, $\mathbb{P}(D) > 0$ implies that $\mathbb{P}(W) = 1$. Now, we prove the remain part of Lemma 3.2.2. $(\Omega, \mathbb{P}, \theta)$ is the standard ergodic system.

We will prove it also is true for $(\Omega, \hat{\mathbb{P}}, \hat{\theta})$. First, we prove that $\hat{\mathbb{P}}$ is invariant under $\hat{\theta}$. Take any set $A \subset W$. Without loss of generality, suppose that $A \subset (0 \in \mathcal{D})$, then we have:

$$\hat{\theta} \circ \hat{\mathbb{P}}(A) = \hat{\mathbb{P}}\left(\hat{\theta}^{-1}A\right) = \frac{\mathbb{P}\left(\theta_{\tau_1}^{-1}A, \mathcal{D}\right)}{\mathbb{P}(\mathcal{D})}$$

$$= \sum_{k \geq 1} \frac{\mathbb{P}\left(\theta_k^{-1}A, \tau_1 = k, \mathcal{D}\right)}{\mathbb{P}(\mathcal{D})}$$

$$= \sum_{k \geq 1} \frac{\mathbb{P}\left(A, \tau_{-1} = -k, \mathcal{D}\right)}{\mathbb{P}(\mathcal{D})}$$

$$= \frac{\mathbb{P}(A)}{\mathbb{P}(\mathcal{D})} = \hat{\mathbb{P}}(A).$$

Next, we prove that for any set $A \subset W$ such that $\hat{\theta}^{-1}A = A$ then $\hat{\mathbb{P}}(A) = 0$ or 1. Indeed, set $\hat{\Omega} := (0 \in \mathcal{D})$ and $B := A \cap \hat{\Omega} \subset W$. Note that $\hat{\theta}^{-1}(\hat{\Omega}) = W$, so that $\hat{\theta}^{-1}A = \hat{\theta}^{-1}B$. This in turn implies that $\hat{\theta}^{-1}B \cap \hat{\Omega} = \hat{\theta}^{-1}A \cap \hat{\Omega} = A \cap \hat{\Omega} = B$.

We will prove that $\theta_1\left[\hat{\theta}^{-1}B\right] = \hat{\theta}^{-1}B$. Using the ergodicity of $(\Omega, \mathbb{P}, \theta)$, it follows that $\mathbb{P}\left(\hat{\theta}^{-1}B\right) = 0$ or 1, and

$$\hat{\mathbb{P}}(A) = \hat{\mathbb{P}}(\hat{\theta}^{-1}A) = \hat{\mathbb{P}}(\hat{\theta}^{-1}B) = \frac{\mathbb{P}\left(\hat{\theta}^{-1}B \cap \hat{\Omega}\right)}{\mathbb{P}(\hat{\Omega})} = 0 \text{ or } 1.$$

So, to finish the proof we only need to prove that $\theta_1\left[\hat{\theta}^{-1}B\right] = \hat{\theta}^{-1}B$.

Firstly, we show that $\theta_1\left[\hat{\theta}^{-1}B\right] \subset \hat{\theta}^{-1}B$. Take $x \in \hat{\theta}^{-1}B$. Then $\hat{\theta}x \in B$. If $\tau_1(x) > 1$, then $\hat{\theta}(\theta_1 x) = \hat{\theta}x \in B \Rightarrow \theta_1 x \in \hat{\theta}^{-1}B$. If $\tau_1(x) = 1$, then $\theta_1 x = \hat{\theta}x \in B = \hat{\theta}^{-1}B \cap \hat{\Omega} \Rightarrow \theta_1 x \in \hat{\theta}^{-1}B$.

It remains to prove that $\hat{\theta}^{-1}B \subset \theta_1\left[\hat{\theta}^{-1}B\right]$. Take $x \in \hat{\theta}^{-1}B$ then $x = \theta_1(\theta_{-1}x)$ and we will prove that $\theta_{-1}x \in \hat{\theta}^{-1}B \Leftrightarrow \hat{\theta}(\theta_{-1}x) \in B$. If $x \in \hat{\Omega}$, then $\hat{\theta}(\theta_{-1}x) = x \in \hat{\theta}^{-1}B \cap \hat{\Omega} = B$. If $x \notin \hat{\Omega}$, then $\hat{\theta}(\theta_{-1}x) = \hat{\theta}x \in B$. Because the sequence of renewal times of the stationary random walk $\overline{Y}$ is also for Y the $m-$ cookies excited random walk with bias parameter β. The increments $\{Y_{[\tau_n, \tau_{n+1})}\}_{n \in \mathbb{Z}}$ are disjoint, by the contruction of the coupling $\overline{Y}$ and Y, so we have

$$X_{\tau_{k+1}} - X_{\tau_k} = X_{\tau_1} \circ \hat{\theta}_k.$$

$$\overline{X}_{\tau_{k+1}} - \overline{X}_{\tau_k} = \overline{X}_{\tau_1} \circ \hat{\theta}_k.$$

From the equations above and using the ergodicity of $(\Omega, \hat{\mathbb{P}}, \hat{\theta})$, we apply that $\hat{\mathbb{P}}$−a.s. there exist $\overline{v}(\beta), v(m, \beta) > 0$ such that

$$v(m, \beta) = \lim_{n \to +\infty} \frac{X_n}{n} = \frac{\hat{\mathbb{E}}X_\tau}{\hat{\mathbb{E}}\tau}.$$

Remark that if $\frac{X_n}{n}$ converges $\hat{\mathbb{P}} - a.s.$ to $v(m,\beta)$ then it is true for $\mathbb{P} - a.s.$ Indeed, there exists a set $\hat{A} \subset D$ and $\hat{\mathbb{P}}(\hat{A}) = 1$ such that for all $\omega \in \hat{A}$, $\frac{X_n}{n}(\omega)$ converges to v. We suppose that there exists a subset $B \subset \Omega$ such that $\hat{\theta}B \subset \hat{A}^c$. If $\mathbb{P}(B) > 0$, by $B = \bigcup_{k=1}^{\infty}(B, T = k)$ then there exists k such that $\mathbb{P}(B, T = k) > 0$. This implies that $\mathbb{P}[\theta_k(B, T = k)] = \mathbb{P}(B, T = k) > 0$. On the other hand $[\theta_k(B, T = k)] \subset (\hat{\theta}B)$, so $\mathbb{P}(\hat{\theta}B) > 0$ and $\hat{\mathbb{P}}(\hat{A}^c) = \frac{\mathbb{P}(\hat{A}^c)}{\mathbb{P}(D)} > 0$. This is contradictory with the supposition that $\hat{\mathbb{P}}(\hat{A}) = 1$. Therefore, $\mathbb{P}(B) = 0$, letting $B = \hat{\theta}^{-1}(\hat{A}^c)$, this implies that $\mathbb{P}(\hat{\theta}^{-1}(\hat{A})) = 1$. For all $\omega \in \hat{\theta}^{-1}(\hat{A})$ then $\frac{X_n}{n}(\hat{\theta}\omega)$ converges to v so $\frac{X_n}{n}(\omega)$ converges to v. It means that $\frac{X_n}{n}$ converges to v almost surely under $\mathbb{P}$.

Now, to prove the monotonicity of the speed on $[\beta_0, 1]$ we need to couple the stationary walk $\overline{Y}$ with bias parameter β_0 with the m-excited random walk Y with bias parameter β where $\beta \geqslant \beta_0$. we consider the sequences as follows : $\{\eta_i\}_{i\geqslant 0}, \{\xi_i\}_{i\geqslant 0}, \{\zeta_i\}_{i\geqslant 0}$ and $\{\overline{\xi}_i\}_{i\geqslant 0}, \{\overline{\zeta}_i\}_{i\geqslant 0}$ such that the random vectors of the sequence $\{(\eta_i, \xi_i, \zeta_i, \overline{\xi}_i, \overline{\zeta}_i)\}_{i\in\mathbb{Z}}$ are independent. Two sequences $\{\eta_i\}_{i\in\mathbb{Z}}$ and $\{(\xi_i, \zeta_i, \overline{\xi}_i, \overline{\zeta}_i)\}_{i\in\mathbb{Z}}$ are independent. On the other hand, the vector $(\xi_i, \zeta_i, \overline{\xi}_i, \overline{\zeta}_i)$ satisfies :

- $\eta_i \sim Ber\left(\frac{1}{d}\right), \overline{\xi}_i = \xi_i \sim Ber\left(\frac{1}{2}\right), \overline{\zeta}_i \sim Ber\left(\frac{1+\beta_0}{2}\right), \zeta_i \sim Ber\left(\frac{1+\beta}{2}\right)$.

- Set $\mathbb{P}(\overline{\xi}_i = x, \overline{\zeta}_i = y, \zeta_i = z) = p_{xyz}$ where $x, y, z \in \{0; 1\}$ then $p_{111} = \frac{1}{2}, p_{011} = \frac{\beta_0}{2}, p_{001} = \frac{\beta-\beta_0}{2}, p_{000} = \frac{1-\beta}{2}$ and for other cases $p_{xyz} = 0$.

Girsanov's transform

The couple $(\overline{Y}, Y)$ takes its values in the space $U = (\mathbb{Z}^d)^{\mathbb{Z}} \times (\mathbb{Z}^d)^{\mathbb{N}}$. Consider $U^* = \{(\overline{y}_n)_{n\in\mathbb{Z}} \times (y_m)_{m\in\mathbb{N}}, \overline{y}_0 = y_0 = 0, \overline{\varepsilon}_n, \varepsilon_m \in \{0; 1\}$ for $i \in \mathbb{N}, \overline{z}_i = z_i$ and $\overline{\varepsilon}_i = \varepsilon_i$ if $y_i \notin^m\}$. We denote $\mathbb{P}_{m,\beta}$ the law of the couple $(\overline{Y}, Y)$ then

$$q_n(m, \beta) := \mathbb{P}_{\beta_0,\beta}[\overline{Y}_{n+1} = \overline{y}_{n+1}, Y_{n+1} = y_{n+1} | (Z_i = z_i)_{i<0}, \overline{Y}_0 = Y_0 = 0, ..., \overline{Y}_n = \overline{y}_n, Y_n = y_n]$$

$$= \frac{1}{d}\left[1_{z_n \notin} 1_{\overline{\varepsilon}_n=\varepsilon_n=1} \frac{1+\beta_0}{2} + 1_{z_n \notin} 1_{\overline{\varepsilon}_n=\varepsilon_n=1} \frac{\beta-\beta_0}{2} + 1_{z_n \notin} 1_{\overline{\varepsilon}_n=\varepsilon_n=1} \frac{1-\beta}{2} \right.$$

$$\left. + 1_{z_n \notin} 1_{\overline{\varepsilon}_n=\varepsilon_n=1} \frac{1}{2} + 1_{z_n \notin} 1_{\overline{\varepsilon}_n=\varepsilon_n=1} \frac{\beta}{2} + 1_{z_n \notin} 1_{\overline{\varepsilon}_n=\varepsilon_n=1} \frac{1-\beta}{2} + 1_{Y_n \notin^m} \frac{1}{2} + \frac{1}{2} 1_{\overline{\varepsilon}_n=\varepsilon_n=0}\right].$$

Moreover,

$$\mathbb{P}_{m,\beta}[\overline{Y}_0 = Y_0 = 0, ..., \overline{Y}_n = \overline{y}_n, Y_n = y_n, \overline{Y}_{n+1} = \overline{y}_{n+1}, ..., \overline{Y}_{n+k} = \overline{y}_{n+k} | (Z_i = z_i)_{i<0}]$$

$$= \mathbb{P}_{m,\beta}[\overline{Y}_0 = Y_0 = 0, ..., \overline{Y}_n = \overline{y}_n, Y_n = y_n | (Z_i = z_i)_{i<0}]$$

$$\times \mathbb{P}_{m,\beta}[\overline{Y}_{n+1} = \overline{y}_{n+1}, ..., \overline{Y}_{n+k} = \overline{y}_{n+k} | (Z_i = z_i)_{i<0}, \overline{Y}_0 = Y_0 = 0, ..., \overline{Y}_n = \overline{y}_n, Y_n = y_n].$$

Set
$$Q_n(m, \beta) = q_n(m, \beta)(\overline{Y}, Y), \mathcal{F}_n = \sigma\{(\overline{Y}_i)_{i \in \mathbb{Z}}, (Y_m)_{0 \leqslant m \leqslant n}\}, M_n(\beta) = \prod_{i=0}^{n-1} \frac{Q_i(m, \beta)}{Q_i(1, \beta_0)}.$$

We deduce that
$$\frac{d\mathbb{P}_{m,\beta}}{d\mathbb{P}_{1,\beta_0}}|_{\mathcal{F}_n} = M_n(m, \beta), \quad \frac{d\mathbb{P}_{m,\beta}}{d\mathbb{P}_{1,\beta_0}}|_{\mathcal{F}_\tau} = M_\tau(m, \beta).$$

We get the formular of the speed for m-excited random walk Y:
$$v(m, \beta) = \frac{\beta}{d} \frac{\hat{\mathbb{E}}_{m,\beta}(N_\tau^m)}{\hat{\mathbb{E}}_{1,\beta_0} \tau},$$

$$\frac{\partial v}{\partial \beta}(m, \beta) = \frac{1}{d} \frac{\hat{\mathbb{E}}_{1,\beta_0}(N_\tau^m M_\tau(m, \beta))}{\hat{\mathbb{E}}_{1,\beta_0} \tau} + \frac{\beta}{d} \frac{\hat{\mathbb{E}}_{1,\beta_0}(N_\tau^m M_\tau(m, \beta) V_\tau(m, \beta))}{\hat{\mathbb{E}}_{1,\beta_0} \tau}.$$

where
$$V_\tau(m, \beta) = \frac{\frac{\partial}{\partial \beta} M_\tau(m, \beta)}{M_\tau(m, \beta)}.$$

Taking $m \to \infty$, by Lemma 1.3.5 we get that $\frac{\partial v}{\partial \beta}(m, \beta)$ converges to $\frac{1}{d}$ uniformly in $\beta \in [\beta_0, 1]$ when m tends to infinity. This finishes the proof of Theorem. □

Résumé de Thèse

Titre : Monotonie et différentiabilité de la vitesse de la marche aléatoire excitée.

Dans cette thèse, nous nous intéressons à la monotonie de la vitesse de la marche aléatoire excitée (MAE) avec biais $\beta \in [0,1]$ dans la première direction e_1. La vitesse est définie comme la limite obtenue par la loi des grands nombres pour la composante horizontale. La vitesse dépend de la dérive β. Nous présentons une nouvelle preuve de la monotonie de la vitesse pour des grandes dimensions $d \geqslant d_0$ et pour le cas où le paramètre β est petit quand $d \geqslant 8$. Ensuite, nous considérons les marches aléatoires avec plusieurs cookies aléatoires. La monotonie de la vitesse est ausi prouvée pour les cas particuliers par exemple des dimensions sont grandes, le paramètre de dérive β est petit ou le nombre de cookies est grand. Ce sont les cas où la marche aléatoire est proche à la marche aléatoire simple. Pour l'existence de la vitesse, nous avons montré la loi des grands nombres pour un cas particulier du cookie aléatoire stationnaire, mais nous n'arrivons pas encore pour le cas stationnaire. Sur la monotonie, nous avons aussi vérifié que le nombre de points visités par la marche aléatoire simple avec biais β est croissant.

Finalement, une question très interessant : la monotonie de la vitesse, est-elle vraie pour la MAE pour les petites dimensions $2 \leqslant d \leqslant 8$. Pour cette motivation, nous avons prouvé que la vitesse est indéfiniment différentiable pour $\beta > 0$. Au point critique 0, nous avons prouvé que la dérivée de la vitesse existe et égale 0 pour $d = 2$, existe et est positive pour $d \geqslant 4$. Mais nous ne savons pas encore si la dérivée de l'ordre 2 en point 0 existe ou au moin la dérivée est continue en 0 pour prouver la monotonie de la vitesse au voisinage de 0 ?

Abstract

In this thesis, we are interested in the monotonicity of the speed of the excited random walk (ERW) with bias $\beta \in [0,1]$ in the first direction e_1. The speed is defined as the limit obtained by the law of large number for the horizontal component. The speed depend on the bias β. We present a new proof of the monotonicity of the speed for the dimension $d \geqslant d_0$, where d_0 is large enough, or for the parameter β is small when $d \geqslant 8$. After that, we consider the random walk with multi-random cookies. The monotonicity of the speed is also proved for some particular cas, for exemple when the dimension is high, or the parameter drift is small, or the number of cookies is large. These are the cas where the walk is near the simple random walk. For the existence of the speed, we also proved the law of large number for a particular cas of stationary cookie but we haven't yet gotten the cas stationary. On the monotonicity, we also proved the rang of the simple random walk with drift β is increasing in the drift.

Finally, a question very interesting : the monotonicity of the speed of ERW is true for the small dimension $2 \leqslant d \leqslant 8$, isn't it ? For this motivation, we proved the speed is infinitly differentiable for all $\beta > 0$. At the critical point 0, we also proved the derivative of the speed at 0 exists and equals 0 for $d = 2$, exists and is positive for $d \geqslant 4$. But we haven't yet known if the derivative of order 2 at 0 exists or at least the derivative is continuous at 0 to prove the monotonicity of the speed in a neighbor of 0.

Bibliographie

[Aid11]   E. Aidekon. Speed of the biased random walk on a galton-watson tree. *Preprint*, 2011.

[AL07]   D. Aldous and R. Lyons. Processes on unimodular random networks. *Electron. J. Probab*, 12 :1454–1508, 2007.

[BAHOZ11] Gérard Ben Arous, Yueyun Hu, Stefano Olla, and Ofer Zeitouni. Einstein relation for biased random walk on galton-watson trees. *To appear in Annales de l'I.H.P*, 2011.

[Bau13]   Elisabeth Bauernschubert. Perturbing transient random walk in a random environment with cookies of maximal strength. 49(3) :638–653, 2013.

[BFS11]   G. Ben Arous, A. Fribergh, and V. Sidoravicius. A proof of the Lyons-Pemantle-Peres monotonicity conjecture for high biases. *ArXiv e-prints*, November 2011.

[BR07]   Jean Bérard and Alejandro Ramírez. Central limit theorem for the excited random walk in dimension $d \geqslant 2$. *Electron. Commun. Probab.*, 12 :no. 30, 303–314, 2007.

[BS08]   Anne-Laure Basdevant and Arvind Singh. On the speed of a cookie random walk. *Probability Theory and Related Fields*, 141(3-4) :625–645, 2008.

[BS09]   Anne-Laure Basdevant and Arvind Singh. Recurrence and transience of a multi-excited random walk on a regular tree. *Electron. J. Probab.*, 14 :no. 55, 1628–1669, 2009.

[BSZ03]   Erwin Bolthausen, Alain-Sol Sznitman, and Ofer Zeitouni. Cut points and diffusive random walks in random environment. In *Annales de l'Institut Henri Poincare (B) Probability and Statistics*, volume 39, pages 527–555. Elsevier, 2003.

[BW03]   Itai Benjamini and David Wilson. Excited random walk. *Electron. Commun. Probab.*, 8 :no. 9, 86–92, 2003.

[Che97] Dayue Chen. Average properties of random walks on galton-watson trees. In *Annales de l'Institut Henri Poincare (B) Probability and Statistics*, volume 33, pages 359–369. Elsevier, 1997.

[DE51]   Aryeh Dvoretzky and Paul Erdös. Some problems on random walk in space. In *Proc. 2nd Berkeley Symp*, pages 353–367, 1951.

[Ein05] Albert Einstein. Über die von der molekularkinetischen theorie der wärme geforderte bewegung von in ruhenden flüssigkeiten suspendierten teilchen. *Annalen der physik*, 322(8) :549–560, 1905.

[ET60]   P Erdös and SJ Taylor. Some intersection properties of random walk paths. *Acta Mathematica Hungarica*, 11(3) :231–248, 1960.

[Fri10] Alexander Friberg. The speed of a biased random walk on a percolation cluster at high density. *The Annals of Probability*, 38(5) :1717–1782, 2010.

[GMP12] Nina Gantert, Pierre Mathieu, and Andrey Piatnitski. Einstein relation for reversible diffusions in a random environment. *Communications on Pure and Applied Mathematics*, 65(2) :187–228, 2012.

[Hol12] Mark Holmes. Excited against the tide : A random walk with competing drifts. In *Annales de l'Institut Henri Poincaré, Probabilités et Statistiques*, volume 48, pages 745–773. Institut Henri Poincaré, 2012.

[HS11]   Mark Holmes and Thomas S Salisbury. Random walks in degenerate random environments. *arXiv preprint arXiv :1105.5105*, 2011.

[HS12]   Mark Holmes and Rongfeng Sun. A monotonicity property for random walk in a partially random environment. *Stochastic Processes and their Applications*, 122(4) :1369–1396, 2012.

[JO68]   N Jain and S Orey. On the range of random walk. *Israel Journal of Mathematics*, 6(4) :373–380, 1968.

[Kal81] Steven A Kalikow. Generalized random walk in a random environment. *The Annals of Probability*, 9(5) :753–768, 1981.

[Koz03] Gady Kozma. Excited random walk in three dimensions has positive speed. *arXiv preprint math/0310305*, 2003.

[Koz05] Gady Kozma. Excited random walk in two dimensions has linear speed. *arXiv preprint math/0512535*, 2005.

[KZ08]   Elena Kosygina and Martin PW Zerner. Positively and negatively excited random walks on integers, with branching processes. *Electron. J. Probab*, 13(64) :1952–1979, 2008.

[KZ12]   Elena Kosygina and Martin PW Zerner. Excited random walks : results, methods, open problems. *arXiv preprint arXiv :1204.1895*, 2012.

[LGR91] Jean-François Le Gall and Jay Rosen. The range of stable random walks. *The Annals of Probability*, pages 650–705, 1991.

[LPP96] Russell Lyons, Robin Pemantle, and Yuval Peres. Biased random walks on galton-watson trees. *Probability theory and related fields*, 106(2) :249–264, 1996.

[LPP97] Russell Lyons, Robin Pemantle, and Yuval Peres. Unsolved problems concerning random walks on trees. In *Classical and modern branching processes*, pages 223–237. Springer, 1997.

[Lyo90] Russell Lyons. Random walks and percolation on trees. *The annals of Probability*, pages 931–958, 1990.

[MPRV12] Mikhail Menshikov, Serguei Popov, Alejandro Fo Ramírez, and Marina Vachkovskaia. On a general many-dimensional excited random walk. *The Annals of Probability*, 40(5) :2106–2130, 2012.

[MSZ12]   Behzad Mehrdad, Sanchayan Sen, and Lingjiong Zhu. The speed of a biased walk on a galton-watson tree without leaves is monotonic with respect to progeny distributions for high values of bias. *arXiv preprint arXiv :1212.3004*, 2012.

[Pet12]   Jonathon Peterson. Strict monotonicity properties in one-dimensional excited random walks. *arXiv preprint arXiv :1210.4518*, 2012.

[Pha13]   Cong-Zan Pham. Monotonicity for cookie random walk in random environment in high dimensions. *arXiv preprint arXiv :1311.6158*, 2013.

[She03]   Lian Shen. On ballistic diffusions in random environment. In *Annales de l'Institut Henri Poincare (B) Probability and Statistics*, volume 39, pages 839–876. Elsevier, 2003.

[Shi96]   A. N. Shiriaev. *Probability*, volume 2. Springer, 1996.

[Spi01]   Frank Spitzer. *Principles of random walk*, volume 34. Springer, 2001.

[SZ99]   Alain-Sol Sznitman and Martin Zerner. A law of large numbers for random walks in random environment. *Annals of probability*, pages 1851–1869, 1999.

[vdHH10]   Remco van der Hofstad and Mark Holmes. Monotonicity for excited random walk in high dimensions. *Probability theory and related fields*, 147(1-2) :333–348, 2010.

[vdHH12]   Remco van der Hofstad and Mark Holmes. An expansion for self-interacting random walks. *Brazilian Journal of Probability and Statistics*, 26(1) :1–55, 2012.

[Zer05]   Martin PW Zerner. Multi-excited random walks on integers. *Probability theory and related fields*, 133(1) :98–122, 2005.

I want morebooks!

Buy your books fast and straightforward online - at one of the world's fastest growing online book stores! Environmentally sound due to Print-on-Demand technologies.

Buy your books online at
www.get-morebooks.com

Achetez vos livres en ligne, vite et bien, sur l'une des librairies en ligne les plus performantes au monde!
En protégeant nos ressources et notre environnement grâce à l'impression à la demande.

La librairie en ligne pour acheter plus vite
www.morebooks.fr

VDM Verlagsservicegesellschaft mbH
Heinrich-Böcking-Str. 6-8   info@vdm-vsg.de
D - 66121 Saarbrücken   Telefax: +49 681 93 81 567-9   www.vdm-vsg.de

Printed by Books on Demand GmbH, Norderstedt / Germany